农具坊

传统文化中的STEAM

传统文化与科学的巧妙融合
文理兼修的跨学科学习

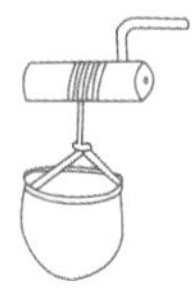

郝京华　王伟群　主编

化学工业出版社
·北京·

图书在版编目（CIP）数据

传统文化中的STEAM．农具坊 / 郝京华，王伟群主编．北京 ：化学工业出版社，2025．3．-- ISBN 978-7-122-47233-5

I．Z228.2；K203-49

中国国家版本馆CIP数据核字第2025B8R344号

责任编辑：郑叶琳　　　　装帧设计：溢思视觉设计 E-mail：isstudio@126.com ／程超

责任校对：王　静

出版发行：化学工业出版社

（北京市东城区青年湖南街13号　邮政编码100011）

印　　装：盛大（天津）印刷有限公司

710mm×1000mm　1/16　印张$7^3/_4$　字数79千字

2025年7月北京第1版第1次印刷

购书咨询：010-64518888　　　　售后服务：010-64518899

网　　址：http://www.cip.com.cn

凡购买本书，如有缺损质量问题，本社销售中心负责调换。

定　　价：32.00元

编写人员名单

主编：郝京华　王伟群

副主编：叶　枫　方锦强

执行副主编：陈　晨

编写人员：姜　玲　李　楠

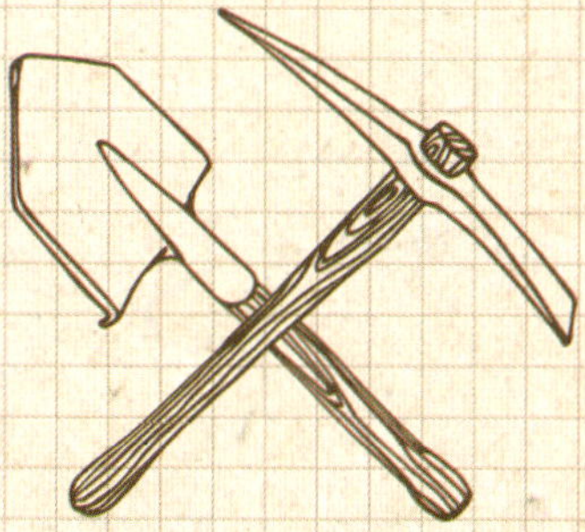

丛书序

你一定知道中国古代有造纸术、印刷术、火药、指南针四大发明，它们对人类的文明发展起到过非常重要的作用。但你知道吗？中国古代伟大的发明远不止这几项。还有长江流域河姆渡文化给我们留下的七千多年前的稻作农业文明，还有黄河流域仰韶文化给我们留下的五千多年前的绚烂彩色陶器，还有中原殷商文化给我们留下的三千多年前的青铜冶炼技术……除了这些，我们的祖先在农学、医学、天文、历法、数学、运筹学、工艺学、水利学、灾害学等领域也都取得过卓越的成就，为世界提供了丝绸、瓷器、茶叶等凝结着中华民族心智和汗水的技术产品，也给我们留下了雄伟的万里长城、绵延千里的大运河、雄伟壮丽的宫殿、巧夺天工的桥梁、诗意盎然的园林……

悠久的历史，积淀了深厚的中华文化；中国古代的科技发明犹如璀璨的明珠，在历史发展中熠熠生辉。

《传统文化中的STEAM》选取了若干与古代科技有密切关系的物化的传统文化项目，包括《书印坊》《玩具坊》《染料坊》《兵器坊》《造船坊》《酿造坊》《烧造坊》《古建坊》《计量坊》《桑蚕坊》《农具坊》等。

每册书包括 4 ～ 9 个主题，每一个主题包括四个内容板块，即探文化之源、践古人之行、析科技内涵、观后续发展。

探文化之源主要介绍该科技用品的结构、用法、历史及对社会、经济、文化等方面的影响。践古人之行提供了动手做的器材和步骤，编者希望小读者在过DIY（自己动手做）瘾的同时，能更深层次地领略古人的智慧。析科技内涵重点在解析这些科技用品中蕴含的科学原理。中华先民当时是凭经验做出这些科技用品的，可能并不清楚其中的科学原理，析科技内涵这一部分可以为我们解密。观后续发展交代的是该科技用品现在的命运：它们中有的还在沿用，如风筝、石磨；有的则进了博物馆，如雕版等。无论如何，龙的传人都应该铭记我们先民曾经有过的辉煌。

中华优秀传统文化是“中华民族的基因”，是“民族文化血脉”，是“民族精神命脉”。多了解一些中华优秀传统文化及其蕴含的科学原理，你一定会为我们先人的智慧所折服，你也一定能更好地理解上下五千年中华民族生生不息、屹立于世界东方的道理。中华优秀传统文化是我们民族自信的水之源，木之本。少年强则国强，希望你通过对传统文化的 STEAM 学习，吸收文化养分，激发创造潜能，提升民族自信。未来是你们的！

前言

中国与古埃及、古巴比伦、古印度并称世界四大文明古国。展开地图，我们会发现它们都发源于大河流域。大河流域丰饶的冲积平原为先民从渔猎走向农耕提供了平整而宽阔的土地，先民们开始尝试将寻找到的植物种子种植在土壤里，耕作、收获。因为农业的发展，人类开始定居，一代代繁衍生存，文明就此诞生。

农业的诞生离不开工具的发明，人类运用发达的大脑和灵活的双手创造出各种各样有利于垦耕、灌溉、加工的农具，让文明的曙光闪现。长江与黄河孕育了我们灿烂的华夏文明。在华夏大地，流传着一个个充满智慧的神奇故事，《周易·系辞》说神农氏“揉木为耒”教会人们如何进行耕作；春秋时期，鲁班发明石磨，让人们能够方便地加工谷物；三国时期的马钧改进了翻车，把河水引进了稻田。一代代的能工巧匠们发明并改进着农具，推动着社会的发展与进步。

我们的祖先根据观察和经验，运用朴素的智慧创造出各种不同的农具。当我们运用科学的视角与审视和分析的时候，我们会发现，这些看似原始粗陋的农具里面同样蕴含着丰富的科学原理。在这些农具里面，我们可以发现力的传递、重心与平衡，可以寻找到杠杆、滑轮、链条的身影，可以了解古人也是通过测量与计算，配合着人体工学的原理来进行创造发明。

本书选取了9种具有代表性的农具，通过4个环节进行深入介绍。在第一环节“探文化之源”中，通过丰富的历史资料和考古发现，还原农具在古代农业生产中的角色，让小读者了解农具的发展历程、种类及其在历史上的重要地位。第二环节“践古人之行”则展示具体的案例，通过详细的步骤和解说，帮助小读者学习制作简易的农具模型，以亲身实践的方式更深入地了解农具的制作过程，体验传统工艺的魅力。第三环节“析科技内涵”中则详细解析了中国传统农具制作技艺蕴含的科学原理，展现中国古代匠人的智慧与技艺。第四环节“观后续发展”中，小读者将了解到现代农具的发展趋势、传统农具在现代社会的应用，以及如何将传统工艺与现代科技相结合，创造出更加先进和实用的新型农具。

文明的发展是连贯的过程，智慧在一代代地传承。了解过去，可以让我们更好地创造未来。希望《传统文化中的STEAM·农具坊》可以给你带来不一样的视角，启迪你更多的思考与创造。

目录

耒耜

农具坊

探 文化之源

科学课上老师有没有让你在花盆里埋下几粒种子？你是用什么工具松开土层的？是小铁铲吗？

可你知道在铁器出现之前，先民是如何在田里播种的吗？他们用的是一种叫作“耒耜”的农具。

耒（lěi），就是在削尖的木头上绑一根横木，方便用脚踏着在田里戳洞。

耜（sì），扁平状，有点像现在的铲子，有木制的、石制的，还有用动物骨头做的。

新石器时期的骨耜

耒

相传是神农氏发明了耜和耒，《易经·系辞》中说，神农“斫木为耜，揉木为耒，耒耨（nòu）之利，以教天下”。

后来，人们将耒和耜组合在了一起，变成了耒耜。

耒耜的发明，据说是受了野猪的启发。传说，神农氏有一次在打猎回来的途中，看到野猪拱土时，会把长长的嘴巴和獠牙伸进泥土，一撅一撅地把土连续地拱起，留下一溜翻松过的土地。依照这个方法翻松土地的耒耜就这样被发明出来。耒耜不仅深翻了土地，改善了地力，而且促成播种方式由穴播变为条播，使谷物产量大大增加。

耒耜

野猪拱土

再后来，先民又发现弯曲的耒柄比直直的耒柄用起来更省力，于是就将耒的木柄用火烤成省力的弯度，成为曲柄，使劳动强度大大减轻。为了多翻土地，后来又将木耒的一个尖头改为两个，做成“双齿耒”。这就是犁铧的雏形了。

神农氏像

木质双齿耒

耒耜是最古老的农具，看起来很简单，在当时却是了不起的创新。有了耒耜，才有了真正意义上的“耕”和耕播农业。耒耜大大提高了耕作效率，增加了农业收成，使人口加速繁衍，从而推动了人类社会的发展。

耒这个字是象形字，寓意为木插入土中，表示用木犁来翻耕土地。借“累”声来说明翻土劳累，用力很大，是一项很累的农活。

甲骨文的耒

小篆的耒

有这个“耒”字边的汉字，都是和农业相关的，你还能找到哪些？

gēng 耕　yún 耘

耒耜也是华夏农业文明非常重要的象征，唐代著名的诗人、农学家陆龟蒙就创作了《耒耜经》。之后耒耜又不断出现在文人的诗歌和绘画当中。比如宋代大诗人王安石就创作过一首《耒耜》。

耒耜

宋·王安石

耒耜见于《易》，圣人取风雷。
不有仁智兼，利端谁与开。
神农后稷死，般尔相寻来。
山林尽百巧，揉斲（zhuó）无良材。

唐代陆龟蒙

践

古人之行

现在距离使用耒耜的年代已经很久远了，人们不会再找木棍和骨头、石片做耒耜了，但我们可以用身边的材料做一个耒耜的模型，再试一试能不能起到翻地的作用。

1 先民们是用磨尖的木棍来戳土，我们就用一次性筷子的尖端来模拟一下。

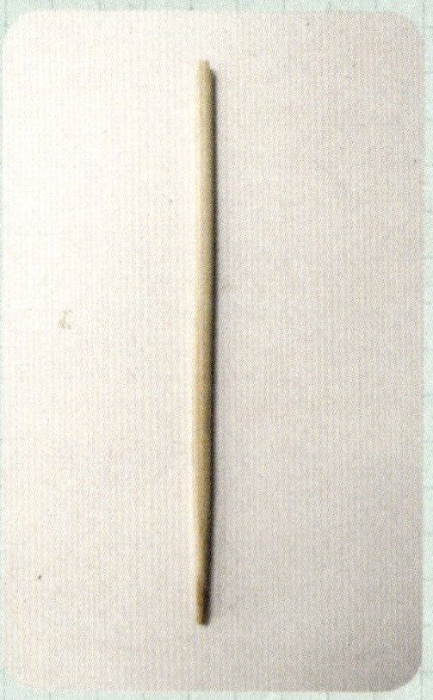

2 在一次性筷子上加上横木，用来模拟耒。试一试，用手指来模拟脚，感觉会不会省力一些。

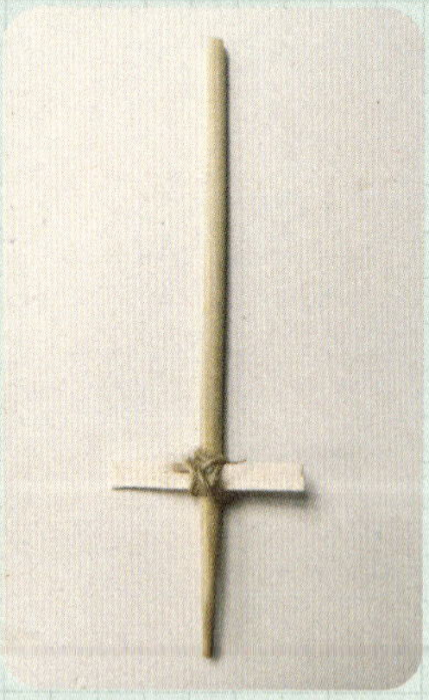

3 用塑料小叉子来模拟耜，绑在耒的前端。尝试一下，能不能用来翻土。

析

科技内涵

耒耜虽然历史久远，且看似非常简单，但却包含着诸多力学、材料学、工程学的基本原理。

耒耜组合，优势显著

耒细长，作用的面积小，用它来挖土，劳作较轻松但效率低；耜短平，作用的面积大，但用耜挖土，人必须下蹲，时间稍长，人易疲劳。在耜上捆绑了耒，人便可以站着使用耒耜，能够长时间劳作。将两者组合起来，可谓取长补短。另外，早期的石耜、骨耜虽然硬度较大，但不可能做成有长柄的样子。如果在耜上捆绑一根很容易加工的木棍，二者就可以组合成配套使用的工具，劳作便相对简单而且更有效率了。后来，随着铜、铁的出现，人们又在木耜的前端套上一块金属，这样既使得耒耜重量较轻，又增加了耜的强度。

（前端套上金属的）耒耜

巧用简单机械原理

我们知道，斜面和杠杆都属于简单机械，都具有省力的作用。耒和耜的前端都是尖锐的，就像楔子一样具有双斜面。因此，将耒或耜插入土中，要比将平头的工具插入土中轻松得多。

在用耒耜翻土时，实际上用的就是杠杆原理。其中，与土地接触点为支点，手握住的部位就是动力点，插入土的最深部分就是阻力点。因动力点到支点的距离比阻力点到支点的距离长，所以耒耜就是一个省力的杠杆。

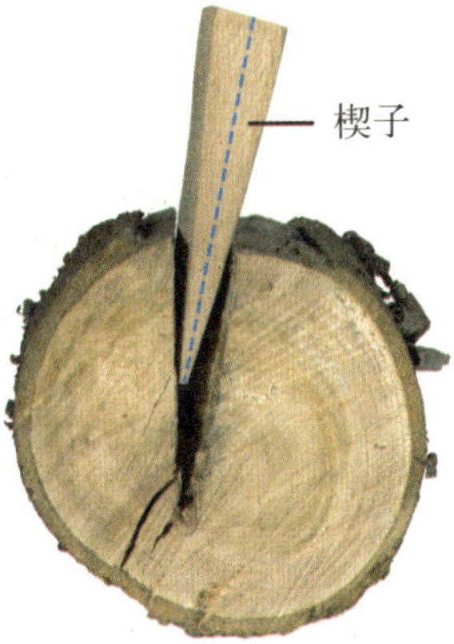

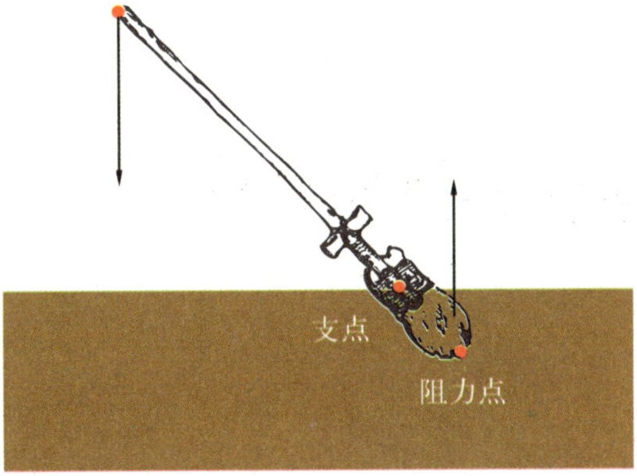

横杆设计，有效节省了体力

在耒以及耒耜的下端都固定有一根短横杆。没有这根短横杆，在向下插或铲的时候，人只能靠双臂用力。而有了这根短横杆，就可以用脚踩横杆的方式，把身体的重量都压在耒耜上，增加用力，节省了体力。

耒耜的穴播

双齿耒让穴播变成了条播

先民是用单齿耒在地面上戳出洞穴，然后，再向穴内播种。而双齿耒的两齿间留有空间，翻土时不仅遇到的阻力小，翻土量也增加了一倍；还可以连续作业，在齿间两旁留下两条并排的土沟，可以连续播种。这就让穴播变成了条播。

条播示意图

观后续发展

耒耜距离现在已经非常久远了，在我们的生活中，已经找不到其踪影。但是，从耒耜分化出来的各种农具，依然活跃在我们的花园和农田里。

铁铲：如今看来，铁铲的形状最接近于耒耜，所不同的是，耒耜上的横杆，变成了铲肩。

耙：它从双齿耜发展而来，有方耙、人字耙之分。汉代已有竹木耙、铁齿耙，多用于水田作业。

铁齿耙

锄头和镢头：锄头和镢头也是从耒耜发展而来的。锄头和镢头比较像，但它们仍有明显的区别。锄头的把比较长，头部比较宽而薄；镢头的把相对较短，头部比较窄且厚。锄头主要用于锄草、松土；镢头主要用于刨土。它们是各地农事最为常用的手持工具。

锄头

镢头

中国是一个农业大国，传统农具种类繁多、使用历史悠久。当我们了解了祖先发明、创造的众多农具，以及它们在农业生产中所起的巨大作用后，会由衷地赞叹古代劳动人民的勤劳、勇敢、聪明和智慧。

犁

农具坊

探文化之源

耒耜的发明虽然大大提高了生产效率，但毕竟靠的还全是人的体力，用耒耜耕一天的田，一个壮劳力也会累得够呛。还有什么方法能够减轻人的体力消耗呢？先民将目光投向了身大力不亏的牛。耒耜也由此进化到了犁，犁字下半部的“牛”，彰显出犁与牛的关系。

犁是由耒耜发展而来的。早期的犁是用Y形的木段制作而成，Y的一枝下端刻制成尖头，上端的分枝则做成把手；Y的另一枝系上绳子并拴上一头牛，农民便扶着由牛拉动的犁，利用尖头在泥土里破碎土块并耕出一道狭小的浅沟，为播种做好准备。

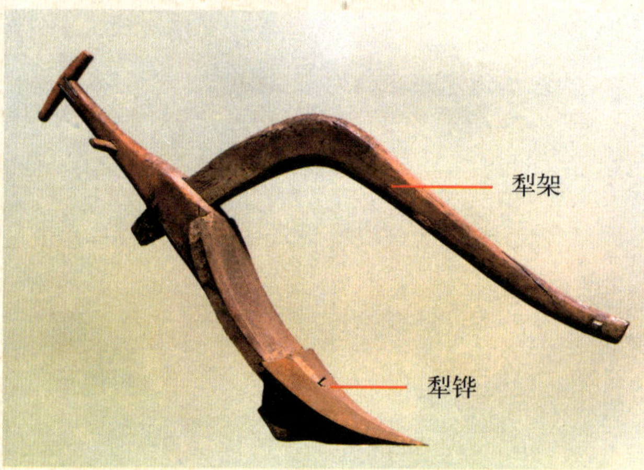

犁

正是用牛牵拉耒耜之后，才使得犁与耒耜分开，有了“犁”的专名。

从耒耜到犁

距今约5250年—4150年的良渚文化时期，我国出现了最早的用石头做的“石犁”，夏商周时期，随着青铜器的广泛使用，便有了青铜犁铧。

石犁复原模型

商代的青铜犁铧

到了春秋战国时期，随着铁犁的出现，人们开始不断改进犁的制作方法。他们把铁犁的尖头制成能更有力地辟开泥土的锐利的犁铧，又增加了一个能把泥土推向两旁的倾斜的“底板”，称之为“犁壁”或“犁镜”，通过它，可以将犁过的土自然地分到两侧，从而提高了耕地和播种的效率。

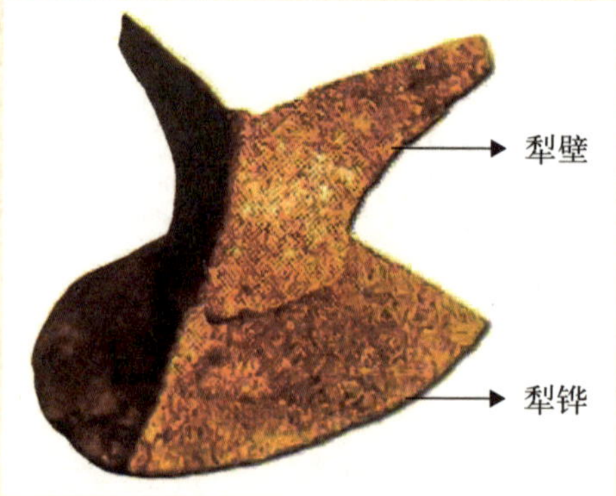

汉代带犁壁的犁铧

汉代开始，用牛拉犁耕地得到了迅速推广，极大地提高了耕地效率。

汉代牛耕图

隋唐以后，南方的水田种植面积增大，曲辕犁得以被发明、应用。曲辕犁又称“江东犁”，它最早出现在唐代后期的苏州地区。和以前的耕犁相比，曲辕犁有几处重大改进。首先是将之前的直辕、长辕改为曲辕、短辕，并在辕头安装可以自由转动的犁盘，这样不仅使犁架变小变轻，而且使犁便于调头和转弯，操作灵活，特别适合在南方水田狭小地块上耕作，节省人力和畜力。据唐末陆龟蒙《耒耜经》中记载，曲辕犁一共有11个部件，可见其制作工艺的精密和复杂，充分体现了我国古代劳动人民的智慧。

犁的功用是将较深层的土壤翻到土地表面，盖住杂草及以前的

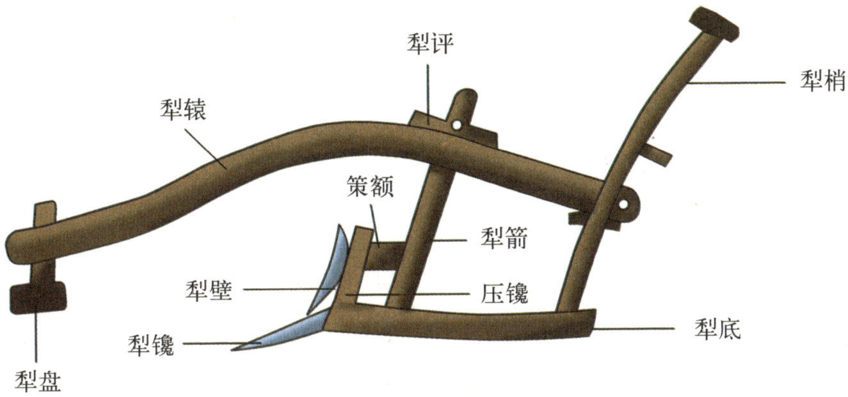

曲辕犁结构图

作物残根并让其自行分解，当犁划过土壤时会翻出有肥沃土壤的长沟，对植物生长非常有利。同时，犁具的发展变化，也影响了其他农具的发展变化。这是我国古代农业技术的一次划时代变革。这一变革不仅对当时的农业发展起了巨大的作用，同时也奠定了我国几千年来最基本的耕地方式。

践

古人之行

我们来试着组装一个犁，看看你还是否记得犁的结构。

1 准备好组装犁的各种零件和胶水。

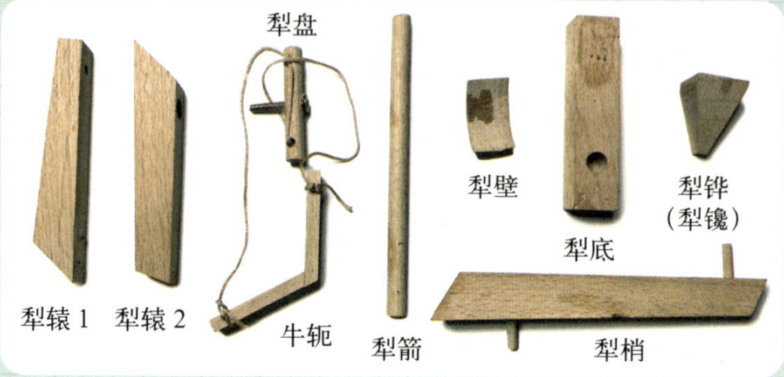

2 将犁梢和犁底用胶水粘在一起。

3 将犁铧（犁镵）粘在犁底上。

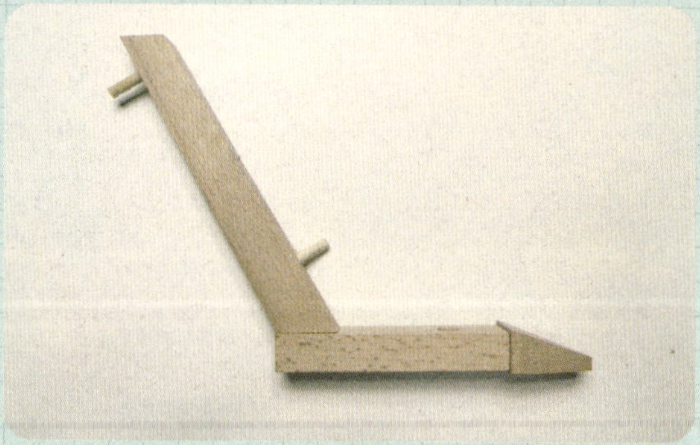

4

将犁辕1粘在犁把上。

5

将犁箭插入犁辕1。

6

将犁辕2粘在犁辕1上。

7

用绳子将牛轭（套在牛颈上的曲木）和犁盘组装在一起。

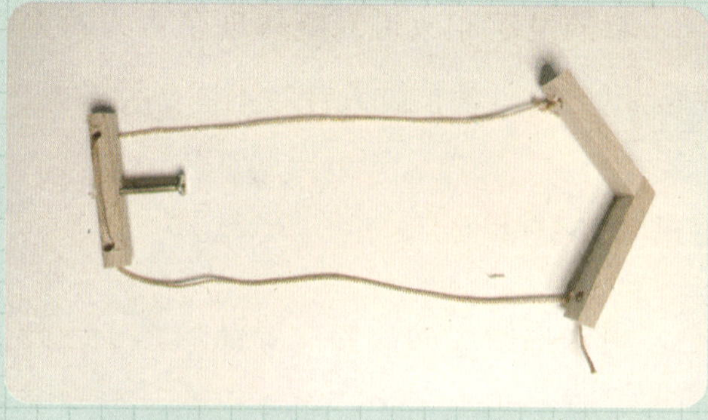

8

将犁盘和犁用螺丝组装在一起。

请小伙伴评价一下，你做的犁像不像！

犁的发明和改进，既体现了古人对力学知识的理解和巧妙运用，也蕴含了古人针对不同条件改进工具的科学思想。

从耒耜到犁，将单次用力发展到连续用力

用耒耜挖土的时候，要像用铲子一样，一下一下地插进土中，这是单次用力，效率很低。而犁是持续不断地破开土层，一次就可以犁一条地，既提高了破土的效率，也省去了每次向上提起铲子的力。所以，用犁耕地能更省力。

耒耜耕地（单次用力）

犁耕（连续用力）

犁铧和犁壁的组合，将翻土与破土更好地合二为一

在犁地的过程中，犁铧的前端尖锐，用较小的牵引力就能较容易地插进土中，使土壤上翻，而犁铧中间突起的地方，则顺势挤开土层，并将土向两边推开。在犁铧后面加上的犁壁，能迫使被推开的土向上移动，在达到一定高度后向下摔落，从而使土块碎裂，提高了破土效率。

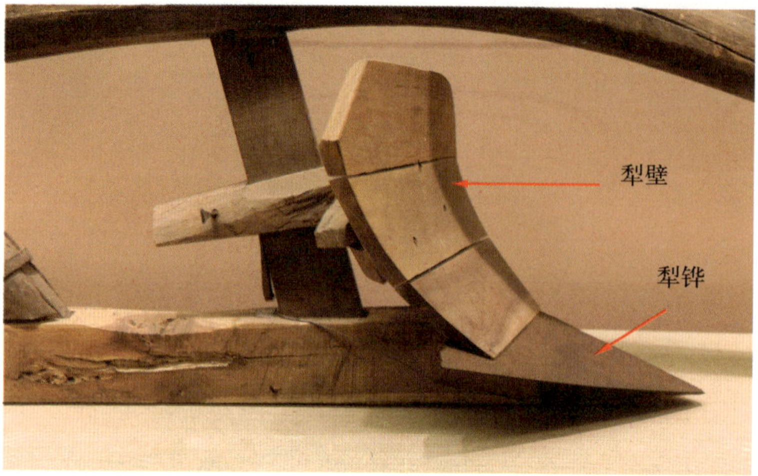

北方犁、南方犁的犁铧差异，是为了便于破开不同土质的土层

北方犁多用于黄河中下游地区，这里土地较为干旱疏松，易于破碎，所以，犁铧为宽阔的钝角，这样，能一次翻起更多的土壤。南方的水田较多，土壤黏性大，使用钝角犁铧，阻力比较大，用夹角较小的犁铧有利于犁铧切入土层，实现减小阻力以及牵拉力量的效果。

从直辕犁到曲辕犁，实现了直线用力

在直辕犁上，作用在直辕上的牵引力要“拐个弯”才能作用在犁铧上，浪费了一部分力。而在曲辕犁上，由于在犁的前面增加了可以自由转动的犁盘，牵引绳则分别系在犁盘的两边，两边的牵引力共同作用在牵引点（犁盘与犁辕相交处）上，所以牵引力与牵引点、犁的阻力点（犁铧尖端）基本处于一条直线上，牵引力浪费极少，犁的工作效率也就提高了。

直辕犁耕种图

曲辕犁耕种图

观后续发展

唐朝之后，犁的形制基本就已经确定下来，一直沿用至今。目前在我国部分农村还能看到水牛拖着犁在耕地。随着机械动力的产生和金属的大量运用，犁也发生了一系列的变化。

机械动力代替畜力，促使了组合犁的出现

随着机械工业的发展，以牲畜或人为代表的传统拉犁动力，逐渐被拖拉机所替代。由于拖拉机的动力强劲，可以同时拉动多个犁，如50马力的发动机可以拉动16个犁，一天耕300亩地或更多。为了充分利用动力，提高效率，人们就将单个的犁并排组合在一起，制成组合犁，让拖拉机跑一趟，就能犁好一大片地。

全部采用金属材料，以满足机器犁地的需要

古代的犁往往只有犁铧和犁壁是金属的，其他部位基本都是木制为主，这是因为那时的金属产量少，为了节约金属不得不这样做。现代，由于冶金技术的不断发展，金属产量大幅度提高，可生产出全钢犁。犁的强度和硬度得到大幅提高，可以适应机器大马力牵引、快速犁地的需要。

犁的样式更多样，满足不同土壤的翻地需求

为了适应不同的土层，现代的金属犁出现了多种样式。如适合深耕的与传统犁相似的铧式犁；针对水、旱地特别是多石、多根土壤的圆盘犁；适用于硬土，能在犁地的同时敲碎土块的翻转犁。

几千年以来，人类通过不断的科技创新，研制出不同类型、不同功能的犁，满足了农业生产的需要。在未来，一定还会出现更加高效、方便的犁。

翻转犁

耧车

农具坊

探

文化之源

当我们在学校的小菜地进行耕种的时候，要先翻地，再播种，然后把土覆盖在种子上。

聪明的你，有没有想过发明一种机器，把这些工作一次性完成？

其实，这样的机器我们的祖先在公元前2000多年前就已经发明了，那就是耧（lóu）车。

耧车，又称“耧犁”，主要由耧辕、耧把、耧斗、耧腿、耧铧等几部分组成，除耧铧为铁制外，其他部件均由木头制成，其中耧腿中空，与耧斗相通。在使用时，牛在前面牵引着耧车，一人牵牛并扶住耧辕，以便掌握耕牛行走的速度与方向；另一人扶耧把跟在后面，边走边摇动耧车，装在耧斗中的种子就会随着

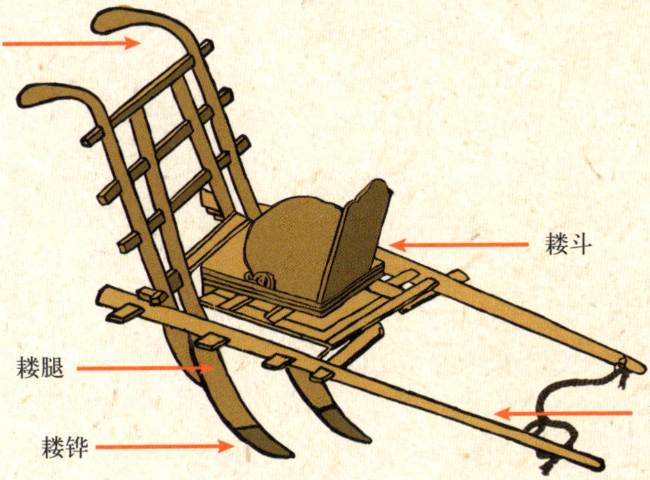

摇动的节奏而自动滑入中空的耧腿，随后滚落到田地里。这是中国古代一种较为先进的畜力多管条播机，一次就可以同时完成田地的开沟、播种与复土这三道工序。

耧车作为一种将开沟与播种合而为一的较为复杂的农具，有一个发展演变的过程。耧与犁有着千丝万缕的联系，最晚在战国时期，中国在农业生产中便已广泛使用由耕牛牵引的铁制犁，并已经发明了专门的播种工具。连续开沟农具一旦与连续播种农具结合起来，耧车便随之诞生了。

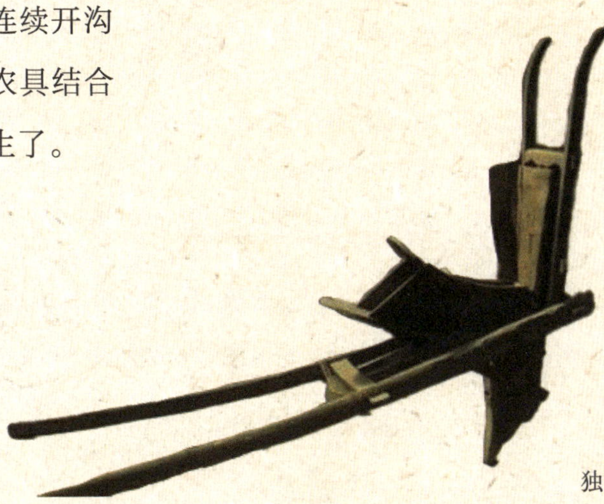

独脚耧

东汉著名政治家崔寔（shí）在其《政论》一文中写道："武帝以赵过为'搜粟都尉'，教民耕殖。其法：三犁共一牛，一人将之，下种，挽耧，皆取备焉；日种一顷。至今三辅犹赖其利。"可见最迟在西汉武帝时，搜粟都尉赵过便已经创造发明出具有三个耧脚，能同时播种三行的三脚耧。当然，三脚耧这种已较为成熟而先进的联合播种机的诞生，不会是一蹴而就的，而是在独脚耧和两脚耧等更早期的原始耧基础之上发展改良而来的。

三脚耧

耧车的出现与分行栽培是分不开的。原始农业时期，人们采用点播和撒播的方式，既费种子，又难以间苗。先秦时代，中国农业生产出现了分行栽培技术，当时人们认识到分行栽培有利于作物的快速生长，因此在播种时讲究横纵成行，以保证田间通风。

分行栽培对于行距和株距都有严格的规定，而耧车能够保证行距始终如一。

小麦种植统一的行距

宋朝大诗人梅尧臣在咏耧车的诗《搂种》中写道：

农人力已勤，要在布嘉种，
手持高斗柄，嘴泻三犁垅。
月下叱黄犊，原边过废冢，
安知侠少年，玉食金羁拥。

说的就是播种季节很忙，农夫们在月下，手握三脚耧，驾着黄牛，辛勤耕作的美丽场景。

元代农学家王祯这样描述耧车:“种耧如耦耜,足木履双金,制比耕镵(chán)小,功惟入土深。发生资尔后,利用见于今,苗垅云平日,嗟无迹可寻。”他说木质的耧脚包着金属的鞋，这样入土更深。在这耧脚的后面，不久将是绿油油的禾苗，到时候耧脚的痕迹可就找不到了。

明代《天工开物》中的耧车耕种图

美国著名历史学家罗伯特·坦普尔在《中国·发明与发现的国度——中国科学技术史精华》一书中提到古代中国在农业领域领先于世界的发明有5项，耧车即为其中之一。

“中国播种系统在效率上至少是欧洲系统的10倍，而换算成收获量的话，则是欧洲的30倍。”耧车的广泛使用，使得中国的农业生产率在很长一个历史时期内领先于欧洲。

特别值得一提的是，耧车不仅对中国农业发展做出了巨大贡献，也对世界农业的发展做出了自己独特的贡献。“西方的第一部种子条播机是受到中国的启示而制成的。”

践

古人之行

小朋友们，耧车是一种复杂机械，结构要比犁复杂，零件也多了很多，你有信心将它们组装起来吗？让我们一起来尝试做一个耧车模型吧！

这些都是组装耧车所需要的零件，你能看出它们分别是耧车的哪一部分吗？

1 找出制作耧斗的零件。

2 将这些部分用胶水粘在一起，再插入播种杆。

3 找出制作耧把和耧腿的零件，用胶水组合在一起。

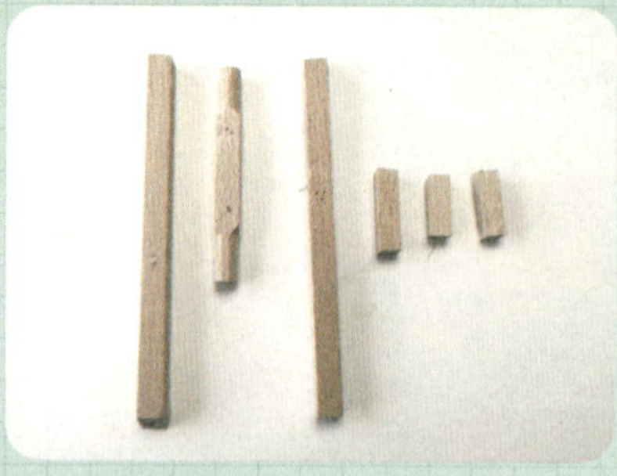

4 将耧铧粘在耧腿上。

5 将耧斗底部粘在耧腿上。

6 将耧辕粘在耧车两边。

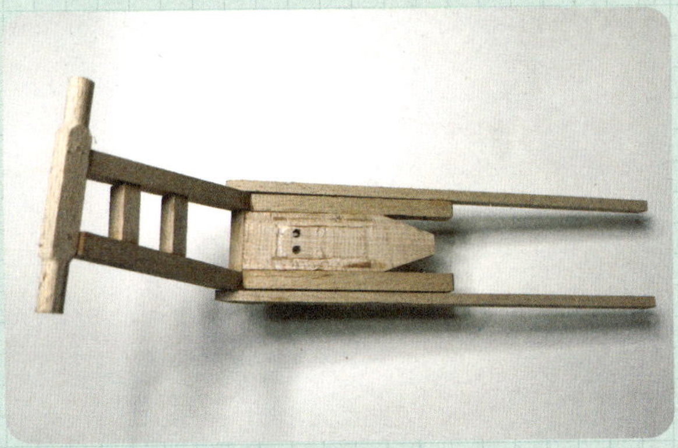

7 最后将耧斗安装上去，我们的耧车就做好了。

析科技内涵

作为将犁与带漏管的斗相结合的半自动农具，耧车既含有创造发明的技法，也蕴含古人对科学现象的粗浅认知。

让种子自动下落

耧斗上有可以控制种子流量的手动装置，还有与下籽筒相连的孔。随着耧车的运动，种子经过耧腿和后面的孔洞，在重力的作用下，自动落入土中。种子虽小，但还是具有一定重力的。让种子在耧斗和下籽筒中自动下落靠的首先就是它们的重力；其次，大多数农作物的种子类似圆形或椭圆形、橄榄形、水滴形，这样的形状容易滚动，便于在耧斗中逐渐下移和在下籽筒中滚落。

用功能组合的方法，实现自动连续播种

耧车由三个部分组合而成。其中，耧铧相当于犁，它的功能是连续翻土；耧斗、下籽筒、拨种杆的功能为连续播种；劳木相当于平土铲，它的功能是用土盖住种子，这三个不同

结构与功能的组合，使得耧车同时具有了破土、播种、覆土功能，这样的组合属于创造发明技法当中的“加一加”。

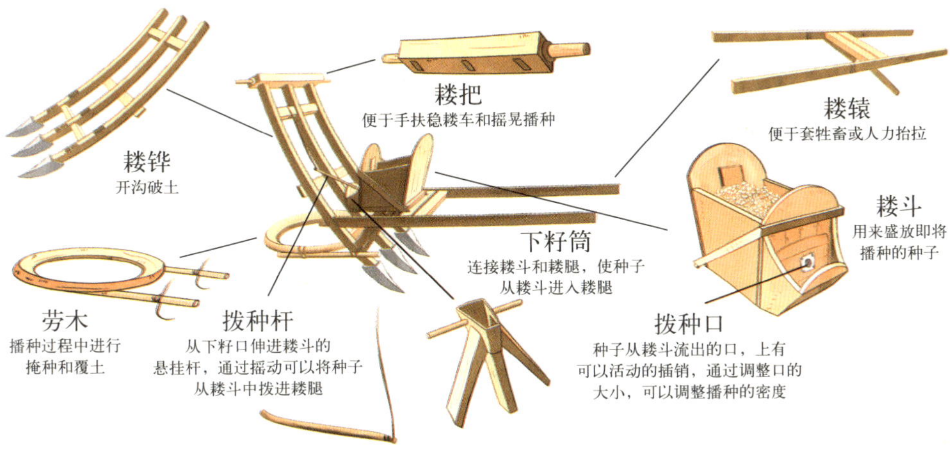

体现了工程思维中的系统思维方式

机械系统一般都具有5个基本组成部分，即：动力部分、传动部分、执行部分、控制部分和支撑部分。机械系统的这5个部分耧车皆有。

动力部分：畜力

传动部分：耧辕，它将牲畜前进的动力传递给耧车

执行部分：耧铧、耧斗、下籽筒、拨种杆、劳木

控制部分：用来控制前进方向的耧把；可以控制播种密度的拨种口

支撑部分：整个车架

观后续发展

耧车是我国古代劳动人民勤劳智慧的结晶，是中华古代农业文明的重要载体。在我国数千年漫长的农业发展历史上，耧车曾占据着非常重要的地位，为农业生产力的发展做出过重大贡献，并为后世西方条播机的发明奠定了坚实的基础。直到20世纪七八十年代，仍可在北方农户家中和农田里见到它的身影。

随着生产技术的进步与生产力的发展，耧车逐渐被更高效率的现代化农机所取代，逐渐退出了历史舞台。具体原因为：

- 现代的条播机都是金属制造，比木质的耧车更加坚固耐用。
- 现代的条播机采用以柴油机为动力的拖拉机为牵引，不但速度快，而且可以拉动更多的耧铧，播种更大的面积。通常，半个小时就能耕种完一亩地，大大提高了效率，缩短了耕种时间。

作为中国农耕文明的载体，耧车见证了农耕文化的变迁，具有无限的人文价值和历史价值，在中华民族文明史上留下了不可磨灭的印记，值得我们深入了解和不断思考。

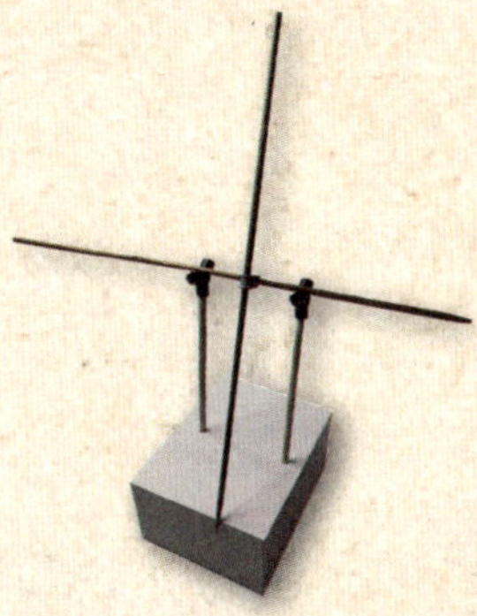

桔槔

农具坊

探

文化之源

你有过在河边取水的经历吗？

拿着桶，小心翼翼地蹲在水边，打满水，先用力地站起身来，再将水拎到需要的地方，费时费力，还不安全。

若古人都这么取水浇地，肯定累得够呛！别为古人担忧，早在2400多年前，我们的祖先就已经发明了提水工具——桔槔（jié gāo）。

在距今一万年前，先民们学会了种植，他们种粮食、种蔬菜，种植逐渐代替了原始的采集与狩猎。农作物的生长离不开水，所以世界上最早的文明都诞生在水源丰富的大河流域。起初，先民通常使用壶、罐等简单工具取水，进行小面积灌溉。但随着种植面积的扩大，这种取水灌溉方式已经无法满足需要，于是春秋时期在农业较为发达的中原地区就产生了新的取水工具——桔槔。

中国最早关于桔槔提水井灌的明确文字记载见于公元前4世纪的《庄子》一书，孔子的弟子子贡向灌溉的农夫建议“凿木为机，后重前轻，挈水若抽，数如泆汤，其名为槔”，说“有械于此，一日浸百畦，用力甚寡而见功多”。子贡不仅描述出桔槔的样子，还说出了桔槔的功能——省力。

《天工开物》中记载的桔槔

汉代汲水庖厨画像石中的桔槔

“桔”指的是竖立在水边高高的木桩，“槔”是指架在木桩上能够灵活转动的横杆。取水前，先在河边或井边立一竖桩（“桔”），然后将一横杆（“槔”）的中间或三分之一处绑在竖桩上（或旁边的树上），再在横杆两端分别系上重物和水桶。人站在河边或井边，向下拉动水桶，将水桶浸到水中，这时横杆另一端的重物就被高高抬起。水满后，在重物的作用下，水桶被轻松提起。

桔槔结构示意图

因为结构简单、制作安装简便、使用方便，桔槔便被古人一代代流传下来。不少文人还专门撰文写桔槔。唐代王维在《辋川闲居》中写道："寂寞於陵子，桔槔方灌园。"在他的《春园即事》里又写道："草际成棋局，林端举桔槔。"唐人陆龟蒙也曾说："江边日晚潮烟上，树里鸦鸦桔槔响。"元代王祯《农书》中说："今濒水灌园之家多置之，实古今通用之器。"可见当时桔槔使用范围非常之广。

《耕织图》中的桔槔

《耕织图》由南宋画家楼璹所画，展现了中国古代真实的田园生活，其中就有古人利用桔槔进行劳作的画面。

践

古人之行

想不想亲自动手来做一个桔槔的模型，感受一下古人的智慧？

1 **准备材料。**

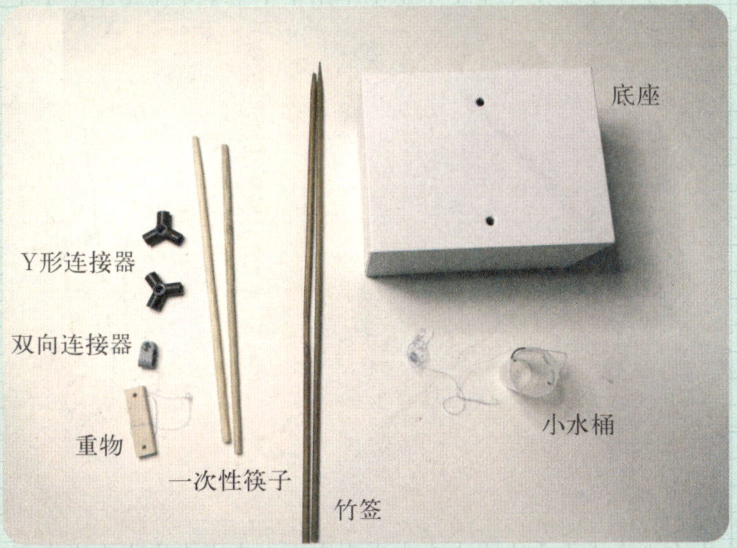

2

选取两根一次性筷子，在上面安装上Y形支架，插在底座上，作为“桔”。

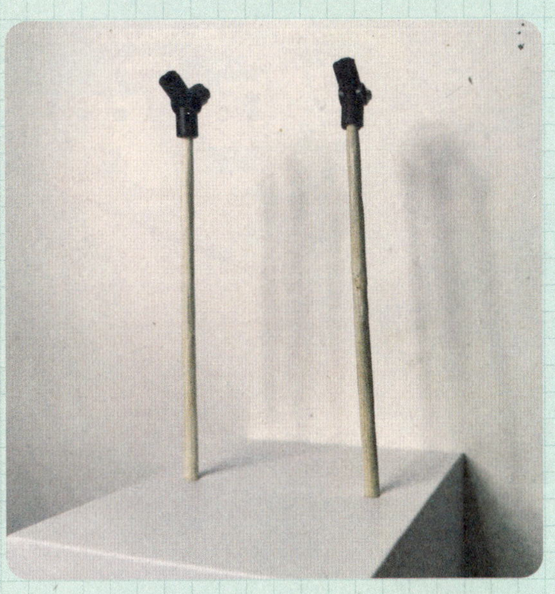

3

将两根竹签交叉连接起来，作为“槔”。

4

将“槔”架在“桔”上。

5

将小水桶和重物挂在槔的两侧，这样一个桔槔模型就做好了。

试一试，能不能灵活转动？能不能用来提水？

桔槔是我国最早使用的汲水灌溉的工具，渗透了古人的智慧。

桔槔依据的科学原理

桔槔的设计内涵可被称作是中国古人利用杠杆原理的典范。桔槔树立的木桩或木架即竖桩是固定不变的，与竖桩垂直的水平方向设有横木，竖桩与横木交叉的地方是“支点”，横木依支点可以上下、左右转动；横木的一端捆绑有石块类的重物，另一端则用绳索悬吊水桶进行汲水。在汲水的过程中，绑有重物的一端，受重力的作用会产生辅助提升的效果，具有省力的效果。

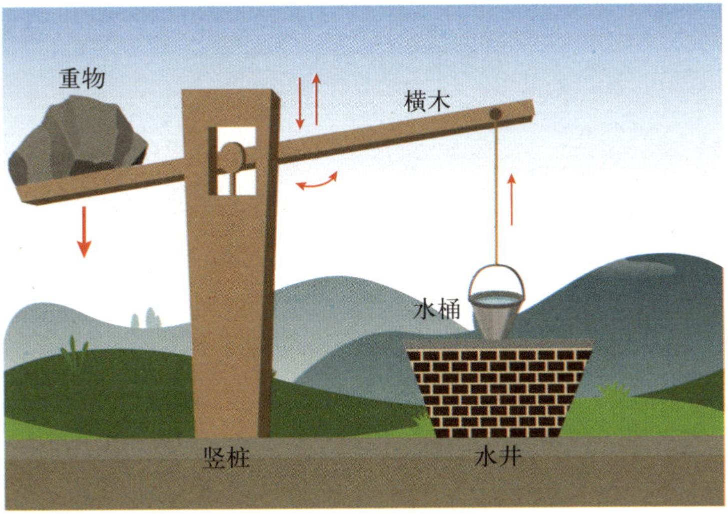

支点的位置

杠杆是一种简单机械，是一根能够围绕着支点转动的木棒，在支点两侧分别是动力臂与阻力臂，动力臂长的，我们称之为省力杠杆；阻力臂长的，我们称之为费力杠杆；两边一样长的，既不省力，也不费力的，我们称之为平衡杠杆。桔槔作为一个杠杆，它是省力杠杆还是费力杠杆呢？我们就需要分析一下它的力臂了。

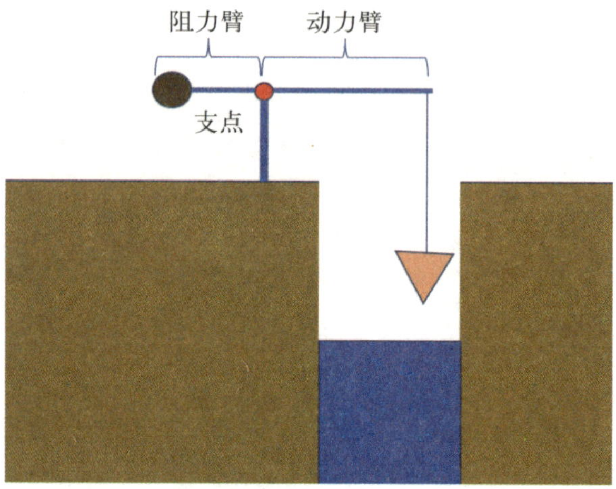

桔槔使用示意图

通过观察我们发现，桔槔的支点并不在横杆的中间，而是在靠近重物的一侧，这样就形成了一个省力杠杆。让人们可以比较轻松地把水桶向下拉。

石头的作用

当水桶装满了水，人们松开手，这个时候，重物受重力的影响向下压，杠杆旋转，水桶就被提上来了。在取水过程中，重物的重量很重要，古人发现选择的重物要比装满水的水桶要重，但是，重多少就需要尝试和选择了。人们发现重物重量的选择和横杆的长度也有关系，阻力臂越短，所需的重物就要越重；阻力臂越长，所需的重物就可以轻一点。现在，我们都知道：阻力×阻力臂=动力×动力臂。当时的人们还没有发现这个规律，但是，他们依然能够通过实践总结出一些规律，选择重量适合的石头作为重物。

水桶的形状

桔槔汲水所用的水桶呈尖底状，它的重心在其腰部以上，所以水桶入水时呈现出不平稳状态，容易倾倒，水便借此注入桶内。随着进水量的增多，桶底部不断加重，此时重心也会随之慢慢下移，重心下移后的表现便是水桶在水中自动扶正，而此时的水还会不断地涌入桶内。待桶中进满水后，重心会再次上移，此时如果把水桶提出地面，并灌于渠中或倒入其他器皿，由于水桶仍然处在不稳定的状态，所以可以省去抬翻水桶的步骤，从这个层面来讲也属于省力的巧妙应用了。

水桶打水示意图

观后续发展

直到今天，我们依然能够在农村的一些地方找到桔槔的踪迹，它被称为灌溉文明的活化石。

尽管桔槔为农田灌溉提供了便利，但其自身也存在不少局限。其一，水毕竟还是要一桶一桶地提，当用水量大时，这样的取水方式难以满足实际需求。其二，桔槔对水源要求较高，一般只适用于在浅井和水流不急的河道取水，井水太深或河水湍急时，取水就很不方便。

随着时代的变迁，桔槔渐渐被更先进和更方便的机械所代替，如使用辘轳、龙骨水车等。

时至今日，农田灌溉的设备已经被功率强大的电动或汽/柴油动力抽水机完全取代，机械化水平的提高使灌溉更加轻松、便捷。

但人们并没有忘记桔槔在农业历史上的功绩，2015年10月12日，在国际灌排委员会法国蒙彼利埃年度会议上，诸暨桔槔井灌工程成功入选世界灌溉工程遗产名录。

辘轳

农具坊

探 文化之源

生活在城镇的同学，用水不要太方便哟！自来水龙头一拧，清洁的水就流了出来。自来水可是清朝末年才开始出现在我们国家的，你知道在这之前，人们是怎么取水的吗？

水龙头放水

对，过去很多地方的人们都是从井里打水上来用的。

汉代辘轳陶土井模型

在中国古代，井水可是非常重要的水源。尤其是在北方缺少地表水的地区，几乎每个村落都会有一口井。人们从井里提水做饭、洗衣、浇灌农田。在浙江余姚河姆渡原始社会遗址就发现了最早的一口水井。

为了从井里汲水，古人发明了桔槔。使用桔槔汲水，汲水处一定要浅，如果水深了，吊绳一长，桔槔就派不上用场了。但是不是所有的地下水都处于地表浅层，有的地下水很深，必须打深井才有水。针对深井，聪明的古人又发明了辘轳。北魏贾思勰在《齐民要术·种葵》中说："井深用辘轳，井浅用桔槔。"

辘轳的发明者不详。明朝人罗颀在《物原》中记载："史佚始作辘轳。"史佚是周代初期史官，说明早在三千多年前的西周就已经出现了辘轳。

到了春秋时期，辘轳开始被应用于人们的日常生活和农业灌溉中。汉朝时出现了"滑轮辘轳"和"细腰辘轳"，它们是在井边竖起两根架子，固定支撑滑轮或辊轴。汲水时，用一根绳子套在轮子上，绳子的一头拴住水罐，人向下拉绳子的另一端，便可将水罐提上来。

汉代的滑轮辘轳（摹绘）

汉代细腰辘轳（摹绘）

汉朝以后，使用辘轳汲取地下水灌溉菜园已经很普遍了，此时又出现了更为先进的手摇曲柄辘轳。在元代王祯《农书》和明代宋应星的《天工开物》中都有了曲柄辘轳图。这种手摇曲柄辘轳逐渐成为主流，并一直沿用至今。

《天工开物》中的辘轳

辘轳装置主要包括以下几个部分：一根短圆木；一根绕在圆木上的长井绳；井绳的另一端连接着斗型的水桶；一根可以使圆木绕其转动的固定转轴；一个安装在辘轳头上的摇把；还有一个等腰三角形的支架。工作时，人们转动摇把，圆木转动，井绳绕在圆木上，升起水桶。

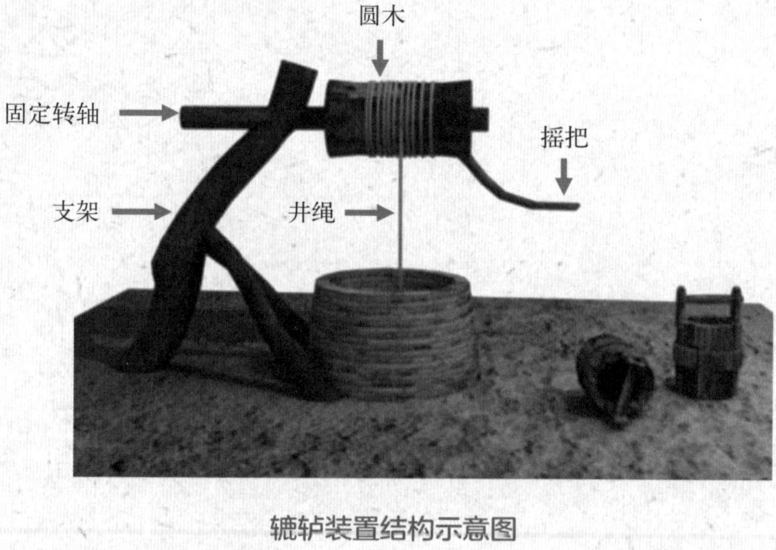

辘轳装置结构示意图

由于辘轳与人们的生活密不可分，在中国古代文学作品中，辘轳作为一个意象，常常出现在诗词歌赋之中。南唐中主李璟在《应天长》中写道：“柳堤芳草径，梦断辘轳金井。昨夜更阑酒醒，春愁过却病。”

清代著名词人纳兰容若的《如梦令》云：“正是辘轳金井，满砌落花红冷。蓦地一相逢，心事眼波难定。”

唐代诗人张籍《楚妃怨》云：“梧桐叶下黄金井，横架辘轳牵素绠。美人初起天未明，手拂银瓶秋水冷。”

此外，古代文人还将辘轳汲水的原理运用到律诗用韵之中，创造出风格独特的辘轳格诗体。这种诗衔头接尾格，可以像辘轳一样“旋转”，读来饶有趣味。

如右边这首诗首尾相衔，从不同字切入，可以组成不同的诗歌。你不妨读来试试！

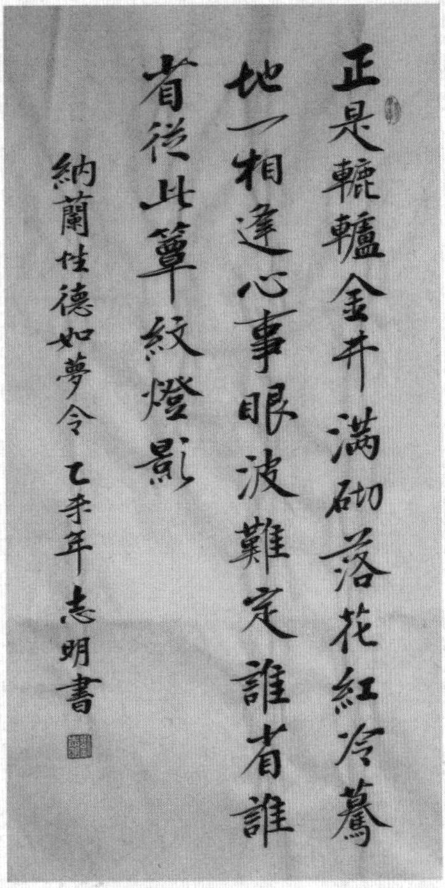

纳兰容若的《如梦令》

一痕秋月曲如钩上画楼帘半卷

七言：一痕秋月曲如钩，月曲如钩上画楼。

钩上画楼帘半卷，楼帘半卷一痕秋。

五言：秋月曲如钩，如钩上画楼。

画楼帘半卷，半卷一痕秋。

四言：月曲如钩，钩上画楼。

楼帘半卷，卷一痕秋。

三言：月，曲如钩，上画楼，帘半卷，一痕秋。

我们可以挑战一下，自己做一个辘轳，探究一下其中的科学原理。

1

准备材料。

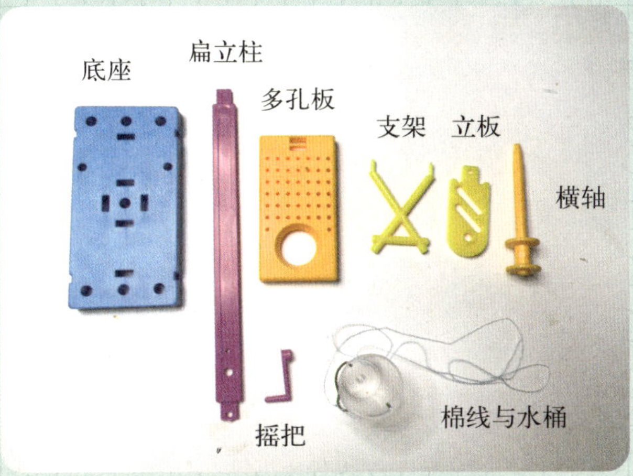

2

将底座和多孔板安装在扁立柱两侧上。

3

将支架和立板安装在多孔板上。

4

将横轴插入立板，用摇把固定。

5

将棉线系在横轴上，安装好水桶，转动摇把，水桶就可以上下行进，模拟提水了。

辘轳虽然是一个比较简单的提水装置，操作也不复杂，但其中涉及许多科学原理。

用辘轳提取的水是地下水

地下水是水资源的重要组成部分，指的是存贮在地面以下岩层空隙中的水。这里犹如一个巨大的水库，水量稳定、水质良好，是农业灌溉、工矿企业以及城市生活用水的重要来源，尤其是在地表缺水的干旱、半干旱地区，常常成为当地的主要供水水源。

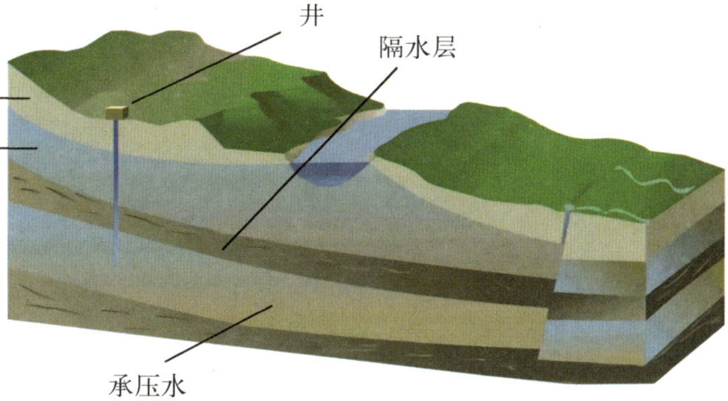

地下水分布图

地下水可分为上层滞水、潜水和承压水三大类。只要将水井挖到不同的深度，就可以收集到不同层面的水。如果用辘轳从井里取水的话，只要改变绳子的长短就可以了。这也是辘轳的优点之一。

辘轳运用了轮轴省力的原理

轮轴是一种简单机械，由固定在一起的大小不同的两个圆盘构成，其中小的圆盘为轴，大的圆盘为轮。当把重物系在轴上时，只要转动轮就可以把重物向上提。轮转动一圈，轴能转动好几圈，这样人会觉得很省力。在辘轳上，绕绳子的地方是轴，摇动的手把相当于轮，这样人们可以很轻松地把装满水的水桶提上来。

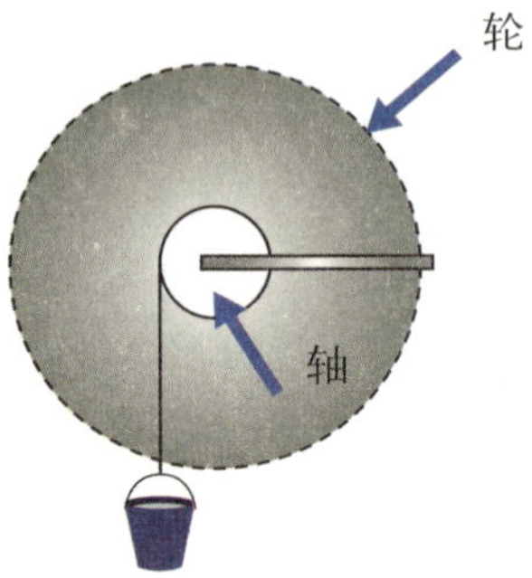

辘轳上面的摩擦力比较小

物体在运动的时候，物体与物体的接触面会产生一种阻碍运动的力，那就是摩擦力。摩擦力的大小与接触面的光滑程度和物体的质量有关。辘轳通常是靠支架架设在水井口上的，辘轳的转动中心轴长期与支架摩擦，会使得接触面变得非常光滑。光滑的表面能减小摩擦力，这也使得人转动手把时感觉比较轻松。

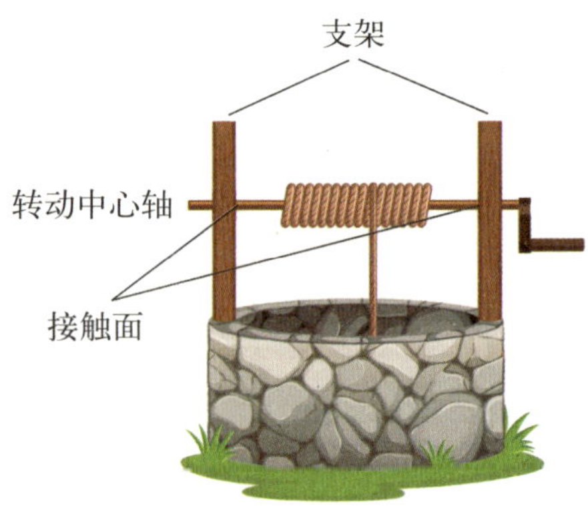

观后续发展

汉代之后，辘轳在结构上没有太大的变化，也一直是人们生产生活的好帮手。人们世世代代与辘轳结下了不解之缘。在我国北方的一些农村地区，至今仍在使用着辘轳。

随着科技的发展，作为从井中提水工具的辘轳逐渐被压水井和抽水机所取代。

压水井是一种将地下水引到地面上的工具，它的底部是一个水泥式的垒块，井头是出水口，尾部通到井心，井心和压手柄相连。上下抬压压手柄，水就会一阵一阵地从出水口涌出。

压水井

压水井能让水涌出的秘密在于它的井心，井心里面有一个活塞，下面有一个单向阀。当活塞往上走时，阀门开启，将下面的水吸到空腔里来；当活塞往下时，阀门关闭，水就从活塞边向上冒出来。如此循环，就可以把水抽上来了。

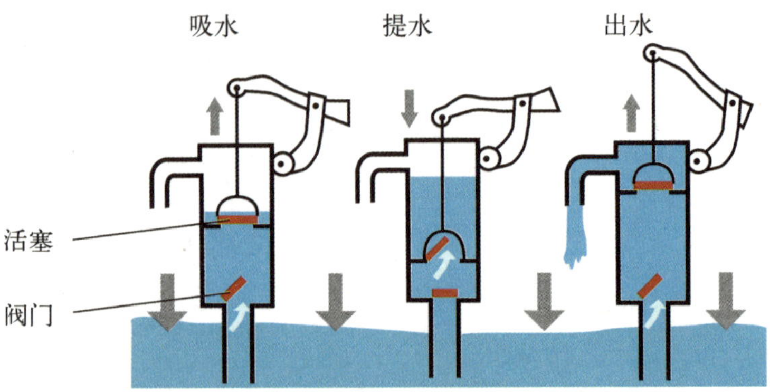

压水井工作原理

抽水机又叫作“水泵”，常见的有电动抽水机和风动抽水机。使用时，只需将抽水机置于水中，接上电动机或者空压机，就能将地下深处的水持续不断地抽取上来，而且出水速度快、水量大。

近年出现的光伏水泵系统风动潜水泵等，充分利用了绿色能源太阳能、风能，能有效节水节电，大大降低传统能源的投入，实现二氧化碳零排放。这都将为国家建设“资源节约型”与“环境友好型”社会提供广阔的空间。

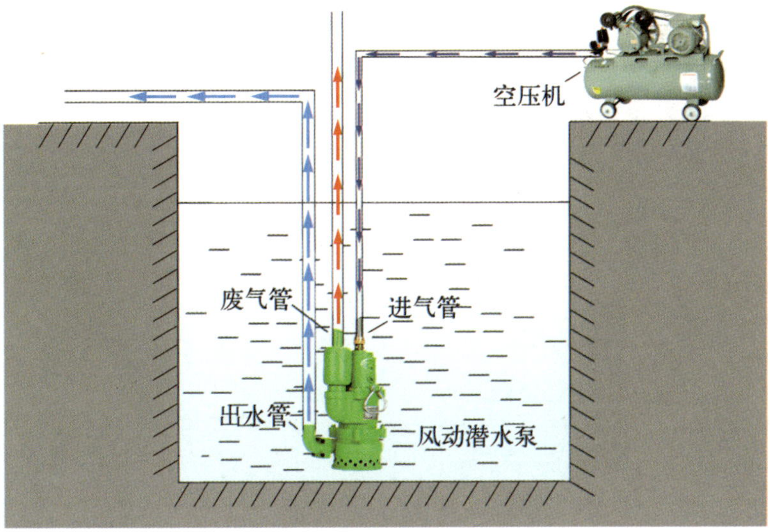

风动潜水泵

翻车

农具坊

探

文化之源

你在公园玩过这样种健身器材吗？

平衡滚筒健身器

它可是从我国古代的提水工具——翻车演变而来的。

种庄稼，离不开浇水。翻车与桔槔、辘轳一样，也是一种提水的工具。

翻车亦称“踏车”“龙骨水车”，其结构合理、可靠实用。主要由扶手、脚踏板、木轴承、大小链轮、木链条、刮水板、木槽组成。车身前端是木轴承，轴承中间设大链轮，两边设脚踏板（脚踏板由两人或多人踩），车身尾部设小链轴，大小链轴由木链条（龙骨）绕行一周相连接，木链条上装有很多板叶用来刮水。

龙骨水车复原图

翻车在使用时，将水槽尾部浸入水中，人站在架子上，手握扶手保持平衡，脚踩踏板，向下用力，驱动链轮转动，从而带动木链条以及木链条上的刮水板循环运转，刮水板沿槽将水带到需要灌溉的田间。因为翻车的外形像龙的脊骨一样，所以，也被人们称作“龙骨水车”。

翻车

据史书记载，水车最早是由东汉末年的毕岚所制。毕岚不仅是皇帝的随从，还是一位发明家。他发明了一种工具，能从沟渠里把水抽到路面上，然后用水洒地，以压灰尘，这样就极大方便了皇帝的出行。此时的翻车，形制较为粗糙，汲水量小，主要功能在于路面洒水。

到了三国时期（公元230年前后），有机械大师之称的马钧，在总结前人经验的基础上，改进了翻车，不但提高了汲水的量，还能在雨涝时向外排水。马钧的翻车极其轻便，连小孩也能操作，是当时最先进的半机械灌溉工具。元代在《王祯农书》中称其为“水中具机械巧捷，惟此为最”。直到今天，还有一些地区在使用翻车进行农田灌溉。

唐宋时期，水车传入南方。江南地区气候湿润、河网密布、耕地多以水田种稻为主，翻车成为水稻田里最主要的排灌机械。随着时间的推移，陆续出现了畜力翻车、水力翻车、风力翻车等。

水转翻车

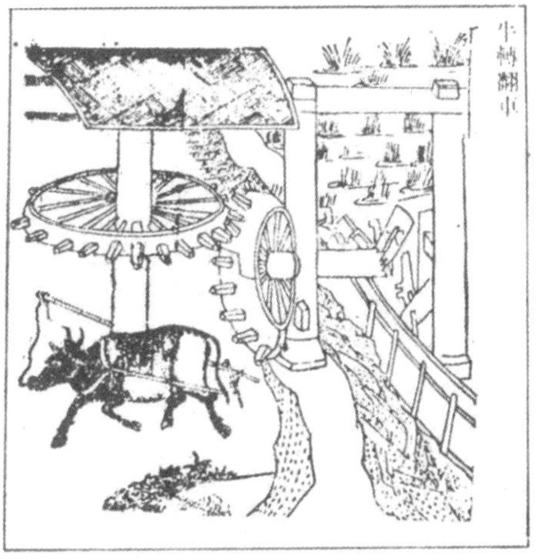

牛转翻车

宋代的诗人、画家们都在自己的作品中对翻车进行了描述。陆游在《春晚即事》中写道：“龙骨车鸣水入塘，雨来犹可望丰穰。”诗人苏轼也对水车灌溉稻田的景色作了这样的描述：“翻翻联联衔尾鸦，荦荦（luò）确确蜕骨蛇。分畴翠浪走云阵，刺水绿针抽稻芽。”

范成大在《田园杂兴》中这样描写民众踏水车的情形：“下田戽（hù）水出江流，高垄翻江逆上沟。地势不齐人力尽，丁男长在踏车头。”

故宫博物院收藏了一幅宋代的团扇画《耕获图》，其中就绘有当年的脚踏翻车。

北宋杨威《耕获图》

做翻车的构件比较多，在制作时需要特别耐心、细心，我们来一起试试吧！

1 **准备材料，熟悉每个零件。**

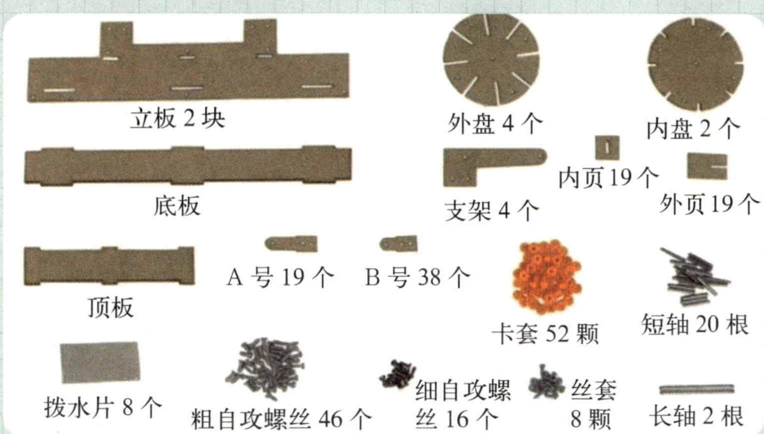

2 **用细自攻螺丝将两块立板与底板、顶板组装在一起。**

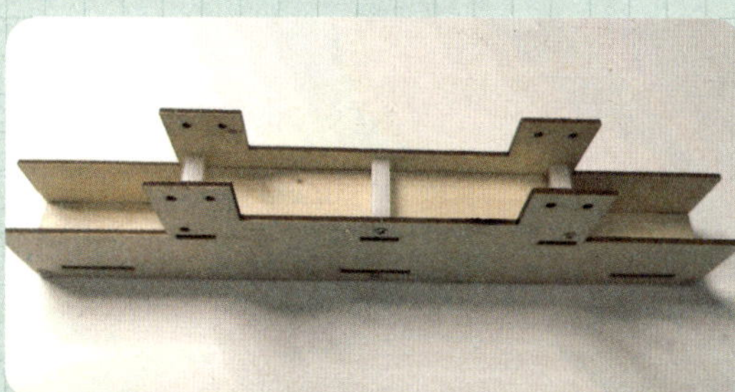

3 **将内盘夹在两块外盘中间，用粗螺丝固定，将拨水片插在圆盘上。**

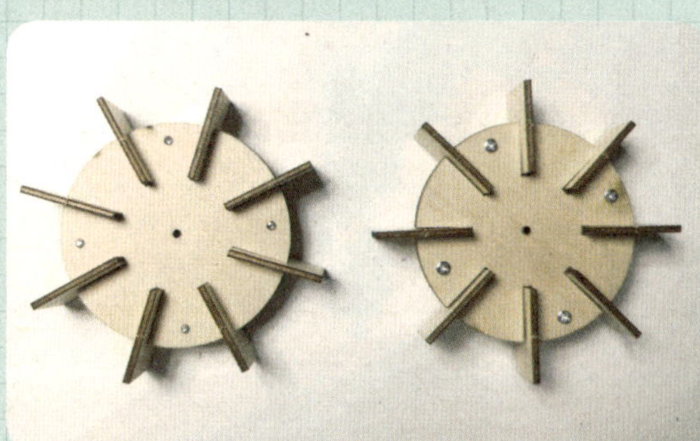

4

将长轴穿过圆盘，用卡套固定。

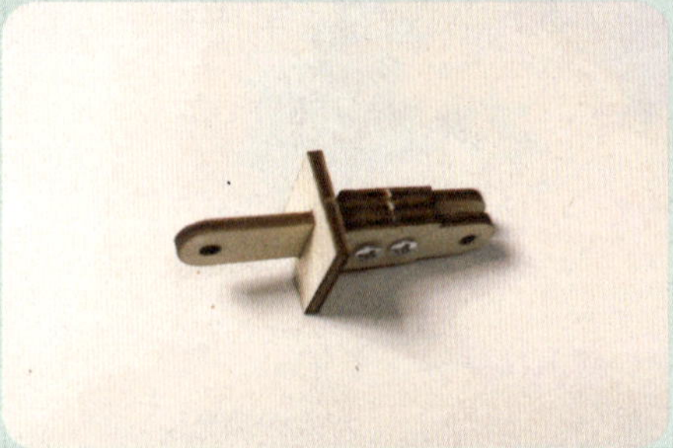

5

用两个B号夹住一个A号，中间插入内页并用粗自攻螺丝固定，将外页插在A号上。像这样的套件，做19个。

6

将19个套件用短轴和卡套连接起来，形成一个木链条。

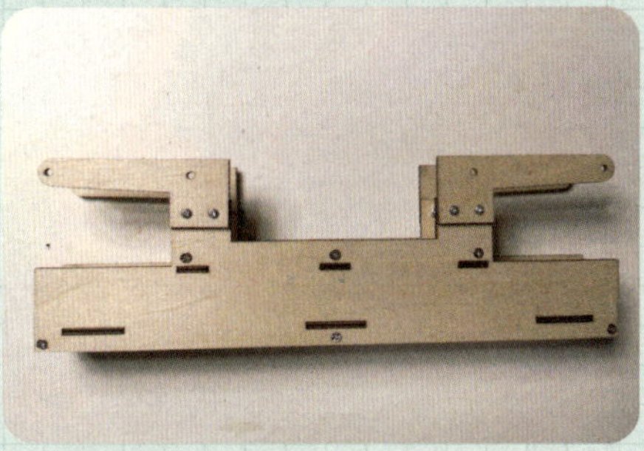

7

用丝套将支架固定在底座上。

8

将两个齿轮安装在支架上，保证能够灵活转动。

9

将木链条安装在齿轮上，用短轴和卡套固定好，保证能够灵活转动。

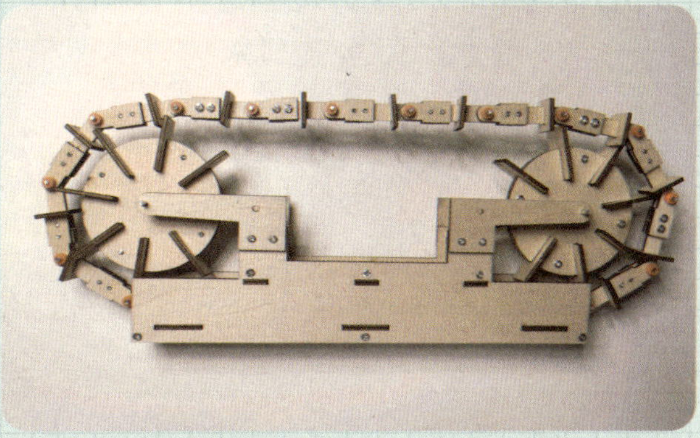

你做的翻车模型与上述图片上的完全一样吗？试一试，看看能不能将水提上来。

析

科技内涵

翻车，这种灌溉农具的设计，不仅针对人的用力特点，利用简单机械的省力原理，还充分利用了水流动的特点，巧妙地克服了地球引力，颇有点“自动化”的味道。

用持续动力向高处送水

翻车能把低处的水运到高处，它的工作部分是刮水板和木槽。刮水板与木槽槽底间隔较小。在工作时，刮水板刮水，将水上推，让水沿着水槽槽底上升。当上升的水失去动力，即水从刮水板与木槽槽底间的孔隙下落时，因紧随而来的刮水板的再次刮水，而持续给水提供上升的力量……这样的循环交替，给水提供持续的动力，让其克服重力到达高处。

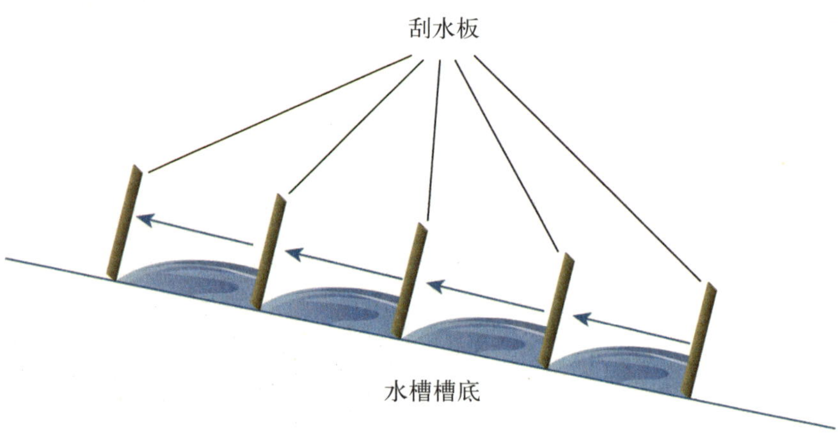

翻车工作的动力来自人踩动脚踏的力量，它通过木轴承依次传给大链轮、龙骨、小链轮，带动木链条上的刮水板循环往复地在大、小链轮之间运动。在大、小链轮与木

链条交接的地方，有类似齿轮与链条的咬合结构，使得链轮能够驱动木链条运动。

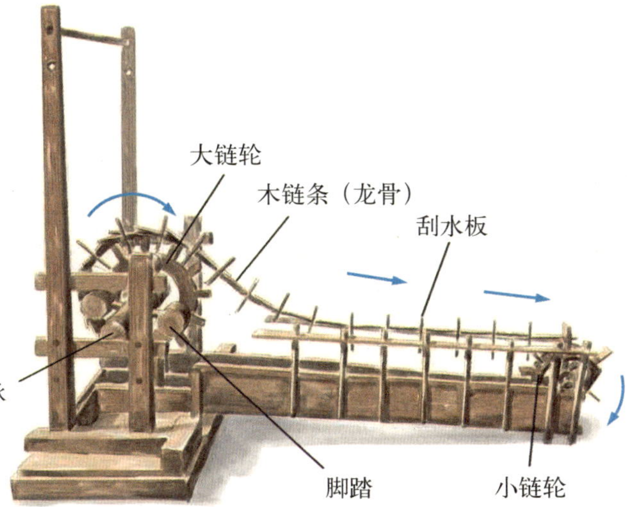

运用简单机械的省力原理

翻车运用了简单机械中的轮轴。其中，脚踏固定在木轴承上，脚踏的转动带动木轴承转动，就构成了一组轮轴。由于脚踏转动的直径大于轮轴直径，这样的轮轴是省力的；大链轮固定在木轴承上，这也形成了一组轮轴。由于木轮轴的直径小于大链轮的直径，这样的轮轴是费力的。但是，通常情况下，脚踏转动的直径大于或基本等于大链轮的直径，这样通过木轴承组合起来的两组轮轴就不费力了。

此外，翻车还运用了链传动方式。由于大链轮的直径远远大于小链轮的直径，用大链轮带动小链轮转动，大链轮转动一圈，小链轮就能转动好几圈，自然就让人感觉省力了。这也是翻车省力的主要原因。

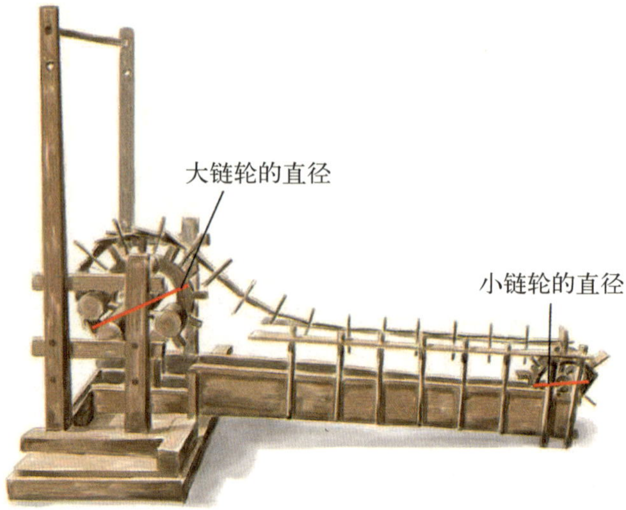

巧用流水的力量

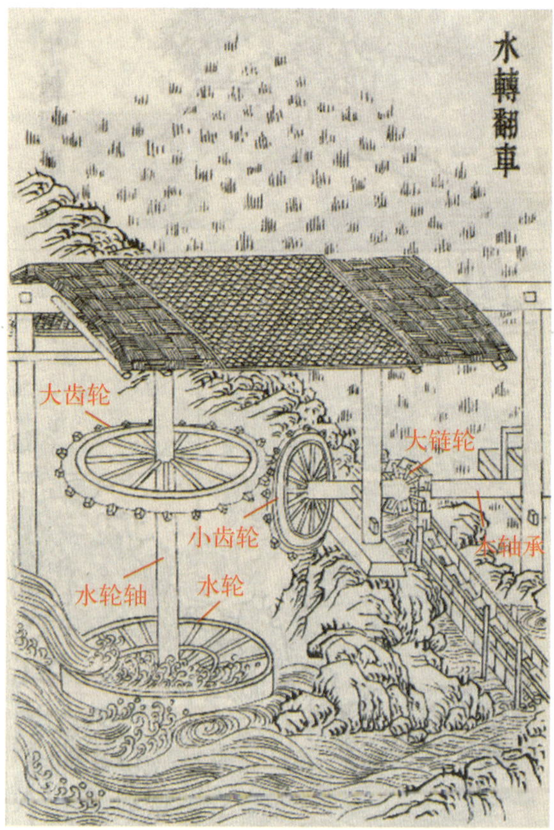

水转翻车依靠水流的力量，带动大链轮转动。因水流冲击水轮，让水轮转动，水轮的转动带动水轮轴和在上面安装的大齿轮盘转动，再由大齿轮盘将动力传给与它垂直的小齿轮盘，借助木轴承，小齿轮盘的转动带动大链轮转动，从而实现了翻车工作的“自动化”。

观后续发展

在翻车的基础上，人们还发明了能将水提升到更高地方的筒车。筒车结构精妙，操作简单，不仅在一些地方使用至今，而且结构也未发生大的改变。除此以外，筒车还随着文化的交流传到了周边的国家，在日本、朝鲜、越南、泰国都有它的身影。

筒车

随着内燃机、电动机的发明，运用翻车持续推水原理制造的离心式抽水机逐渐取代了翻车以及后来的筒车。它大大提高了抽水效率，为农田灌溉、排除洪涝等作出了巨大贡献。

目前，我国正从粗放的传统农业一步步地走向精细的现代农业。为了节约有限的水资源，灌溉的方式也发生了很大变化。其中，可根据天气、植物需求的土壤湿度，来调节用水量大小的新技术——喷灌和滴灌正在替代传统的大水漫灌方式，而逐渐推广和运用。

喷灌

滴灌

石磨

农具坊

探 文化之源

你体验过推碾子、石磨吗？
用它磨过什么？米粉还是豆浆？

感受一下推磨的乐趣，品尝自己亲手制作的豆浆，一定很不错哟！要知道它可是先民加工粮食，做面粉、豆腐等食物不可或缺的帮手噢！

石磨

早在四五千年前，中国的先民就学会了种小麦。去皮后的小麦和米粒一样，是颗粒状的，用它煮出来的饭称为麦饭。麦饭的口感比米饭差多了，既不好消化也不耐饿，所以小麦起初并不是古人的主食。后来，先民想出把麦粒弄碎的点子，磨盘就这么诞生了。

据考古发现，我国目前发现的最古老、最原始的谷物加工用具，是一件17000年前的残石磨盘，它是在山西省沁水县下川文化遗址中发现的。

起初，先民把麦粒、豆子等粮食摊在磨盘上，以重物用力碾压，将粮食磨成粉。用粉状小麦做出来的食物好吃多了，既好消化也耐饿。

为了提高磨粉的效率，先民们又在单片磨盘的基础上发明了由上下两块石头组成的磨。

文献和考古资料显示，石磨在春秋战国时期就已经出现。秦朝以后，民间更多使用的是圆形石磨。石磨主要是由磨扇、磨盘和磨架三部分组成。磨扇和磨盘接触的两面都凿有密布的浅槽，粮食从磨扇上方进入两石中间，随着磨扇的转动，麦粒、豆子等就被磨成粉或浆了。

山西省沁水县下川石磨盘

石碾

起初，石磨的动力主要是人力或者畜力，到了晋代，杜预发明了“水转连磨”，通过水轮的转动使磨扇转动，大大提高了工作效率。《天工开物·攻麦》中记载：“若水磨之法其详已载《攻稻》‘水碓’中，制度相同，其便利又三倍于牛犊也。”

石磨是古代农业发展的产物，粮食作物的传播和发展，带动了粮食加工的进步，同时石磨的发明在很大程度上改善了人类的膳食结构，它使得人们的饮食生活从“粮食”阶段进入了“粉食”阶段。有了石磨，人们就可以轻松地加工出精细的面粉和可口的豆浆，进而还可以制作出饼、面条、豆腐等食品。这不仅让人们的膳食结构更加丰富，延长了人的寿命，也为中国源远流长的饮食文化奠定了极其重要的基础。

拉石磨用到的畜力，很多地方用的都是驴，所以民间有很多关

画像石上制作豆腐的场景

于老驴拉磨的歇后语。可见，在中国古代文化中，驴与磨结下了不解之缘。如：

驴子赶到磨道里——不转也得转；

驴子拉磨——跑不出这个圈；

盲驴拉磨——瞎转圈；

懒驴拉磨——打一鞭走一步；

黄鼠狼进磨坊——硬充大尾巴驴。

石磨，作为生产生活中重要的粮食加工机械，也出现在一些古代浮雕和绘画中。现藏于上海博物馆的《闸口盘车图》上就有我国现存最早的水磨图像。据考证，至少有15幅历代古画中出现了水磨的身影，如《千里江山图》《水碓磨坊图》《山溪水磨图》等，记载了中国传统饮食文化的灿烂文明。

驴拉石磨

《闸口盘车图》（局部）

《千里江山图》（局部）

践

古人之行

想不想自己制作一个迷你推磨模型呢！快动手试一试吧！

1

首先，我们要准备一些材料。

2

将马达用大螺丝固定在木板上，注意马达的接线铜片在上方，以便连接电线。

3

将两个长螺丝固定在边孔上，并将电池盒的线和另外一根导线，如图所示进行连接。

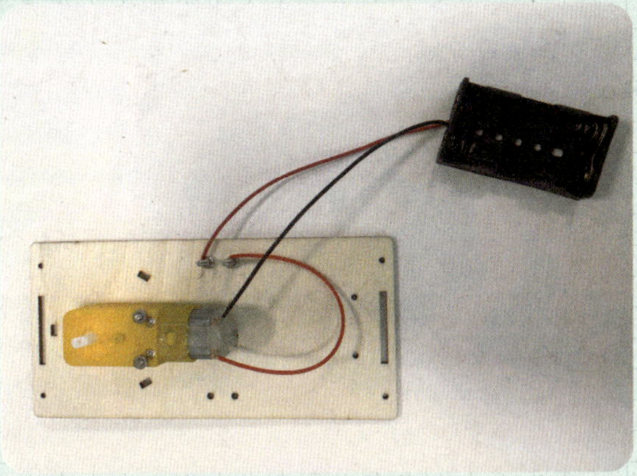

4

将三个柱子固定到图中位置，并将最长的铁轴插到马达上。

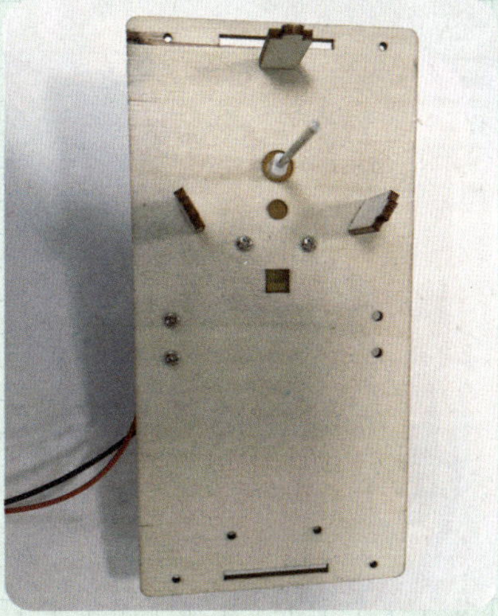

5

将圆木片固定到柱子上，再将粗孔的木柱粘到图中位置，并如图所示用尖螺丝固定。

6

在两端装上两个方木板，并如图所示用尖螺丝固定。

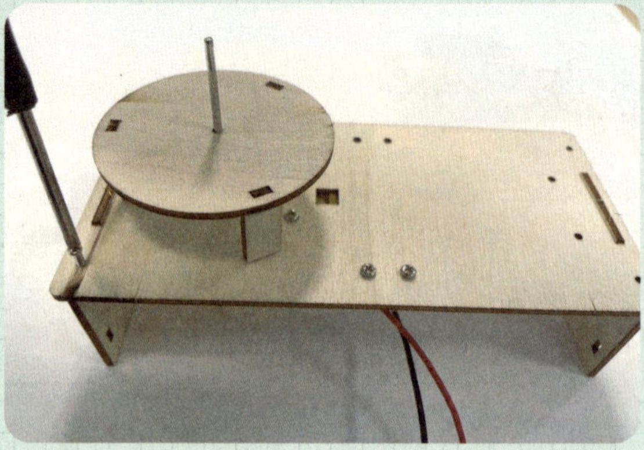

7

将带有齿纹的木柱反向插到铁轴上，并将细木棒粘到木柱上。

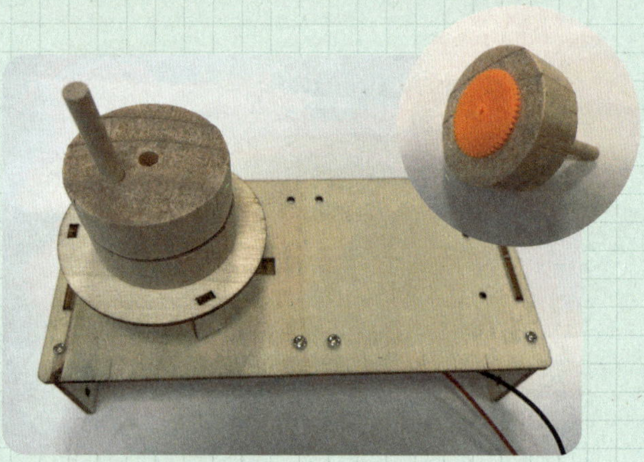

8

安装好人物模型，并用尖螺丝将它固定到图中位置。

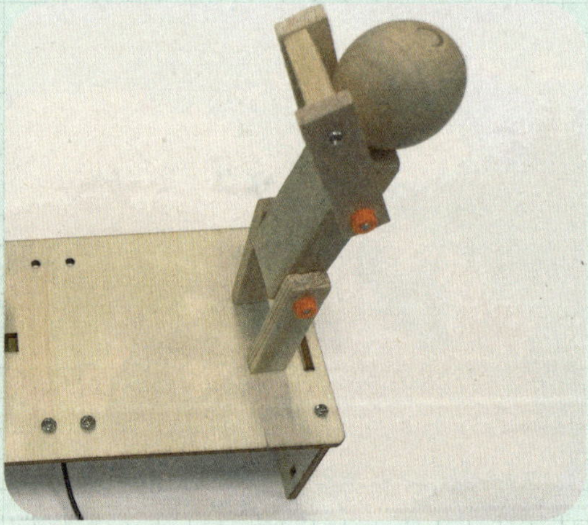

9

用尖螺丝将最长的木条固定到人物手臂上，并将木条插到木棒上。

10

装上电池，并在螺丝上放一枚硬币，连通电路后，小人儿就会自动推磨啦！

析

科技内涵

看似平常的石磨，却暗含了许多力学和材料学的原理，它是凝聚着古人聪明才智的伟大创造。

用“曲柄连杆”改变用力方向

手握磨柄转动石磨，极不方便。于是，人们给石磨加装上了磨拐。磨拐是一个可以活动的曲柄装置，将转磨改成了前后运动的推磨，在一推一拉间，使磨拐前后移动，将直线运动转换为转动，带动磨扇旋转，这种改变用力方向的结构就是机械传动中的“曲柄连杆”装置。

具有省力的轮轴结构

石磨其实就是一个轮轴。其中，立轴是它转动的中心，磨柄相当于轮轴的轮，磨扇（俗称上磨盘）相当于轴，在转磨的时候，轮带动轴转动。由于轮的转动半径远远大于轴的转动半径，所以，它和辘轳一样属于省力的轮轴。

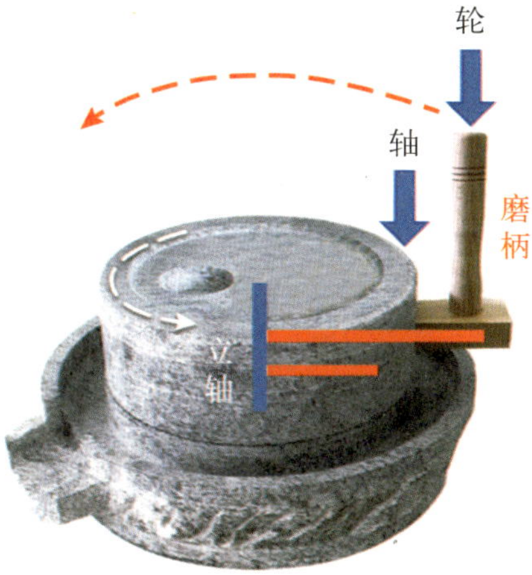

利用摩擦和挤压碾碎颗粒

石磨能碾碎粮食，主要有两个原因。

1. 粮食硬度差。当不同硬度的材料相互挤压和摩擦时，硬度小的物体就会受损严重。石磨通常用花岗岩来做磨扇。花岗岩的硬度大，比食物颗粒坚硬许多。这样，磨损的就是食物颗粒。如果让上下两个硬度一样的磨盘直接相互挤压和摩擦，两个磨盘的接触面就都会受损。因此，不能空转磨盘。

谷物与花岗岩

2.磨齿起到剪切作用。磨扇和磨盘接触的两面都刻有同样走向的磨槽，在两个磨盘面对面合在一起时，磨槽的走向就相互错开，形成磨齿。由于磨盘的重量大，在上磨盘转动起来的时候，磨齿就开始在压力的作用下挤压颗粒，将颗粒剪断、切碎，从而达到磨碎粮食颗粒的效果。

“米”字形磨齿推动成品外溢

石磨的磨齿通常分为几个扇区，每个扇区从中间向四周呈放射状。在每个扇区内，磨齿相互平行，这样，磨齿总体上也呈放射状，使得来自进料口的粮食颗粒在被磨碎的过程中，会自动地被一步一步推到磨扇外。

在近几十年，随着机械工业的发展和材料的进步，传统的石磨已无法满足大批量、高速度生产的需要。石磨开始逐渐被现代研磨机器所取代。

电力代替人力和畜力

现在，在一些还在用石磨的地方。人们给它装上了电动机和变速箱，用它们带动石磨转动，使人们的劳动强度大大降低。

旋转刀片代替石磨盘

随着钢铁冶炼技术的发展，人们生产出了比花岗岩硬度更大的金属合金，用它制成的旋转刀头能够在快速旋转中将粮食颗粒击碎。于是，现代全金属粉碎机应运而生，它使粉碎速度大幅度提高，而且它还能粉碎其他物品。

旋转刀头

中药粉碎机

易拉罐粉碎机

逐渐实现大型化和精细化

随着工程技术水平的提高，大型化粉碎设备逐渐涌现，极大提高了生产效率。同时，为了满足精加工的需要，能将食材或其他物体粉碎得更细的加工机器也相继出现，为生产、生活提供了更多便利。

虽然在大规模工业生产方面，传统石磨被逐渐淘汰，但它的一些优势并不能被取代。

比如，现在依然还能看到有人在用小石磨磨面、磨豆浆、磨芝麻。那是因为石磨在研磨时转速较低，产生的热量较少，所以能更好地保留小麦、黄豆、芝麻等食材中的营养成分，并且采用这种研磨方式还能使食材的香气更加浓郁，这是现代加工机械所无法比拟的。所以，石磨并没有被历史所淘汰，它仍以多种多样的形态出现于现代生活，使我们过得更加有滋有味。

现磨芝麻酱

水碓

农具坊

探 文化之源

田里的稻子是怎么成为晶莹剔透的米粒的？

要知道，稻穗上的米可是带着壳哟！就像瓜子，你得剥壳后才能食用，除非你拥有鸡一样的消化器官，可以连壳吞下。那米又是如何去壳的呢？你会说：是机器！那在没有机器的古代，先民又是怎样将稻谷去壳的呢？

起初，他们用的是石臼（jiù）和杵（chǔ），依靠人工捶打，将稻谷的壳与米粒分离，这一劳作叫舂（chōng）米。这种方式不仅消耗体力而且效率低下。

后来，我们的先民又发明了用脚踩踏的舂米方式（称踏碓），大大提高了舂米的效率。

石臼

无论用手臂还是用腿，耗费的都是人的体力，能不能利用自然的力，如流水的力量呢？水碓（duì）就是这么被我们的先民发明出来的。

水碓，又称机碓，是一种借助水力舂米的农具

水碓的动力来自一个大的立式水轮。轮上装有若干板叶，转轴上的拨板是用来拨动碓杆的。每个碓用柱子架起一根木杆，杆的一端装一块圆锥形石头。下面的石臼里放上准备加工的稻谷，流水冲击水轮使它转动，轴上的拨板臼拨动碓杆的梢，使碓头一起一落地进行舂米。

水碓

《王祯农书·碓》:“舂器，用石、杵臼之一变也。”碓的雏形是杵臼，在先秦至秦汉时期，碓由杵臼发展到踏碓、畜力碓和水碓、连机水碓，这也是碓在技术发展上的三次飞跃。

杵臼

东汉人桓谭（约公元前23年—公元56年）在其所著《新论》中提到，比之人力杵舂，“役水而舂，其利乃且百倍”。随后，又由单一水碓发展到连机水碓，即一个水轮带动几个或十几个杵舂。这是在魏末晋初由杜预发明的。

水碓的机械化水平不断提高，劳动效率显著提升，这里凝聚着古代劳动人民的勤劳与智慧。

到了魏晋南北朝至隋唐时期，水碓得到了较大的推广和普及。开始出现了水碓规模化加工的趋势，有些地方出现了水碓群，形成了一定规模的粮食加工业。

宋元明清时期，随着水轮动力系统的改进，有些地区将舂米的水碓、磨面的水磨及稻田汲水等结合在一起利用，水碓也从单一功能发展到水碓磨坊的综合系统。另外，人们开始学会因地制宜，根据水势、地形的条件来确定碓杵的个数，以最大程度地发挥连机水碓的作用，对我国传统农业的发展起到了很好的促进作用。

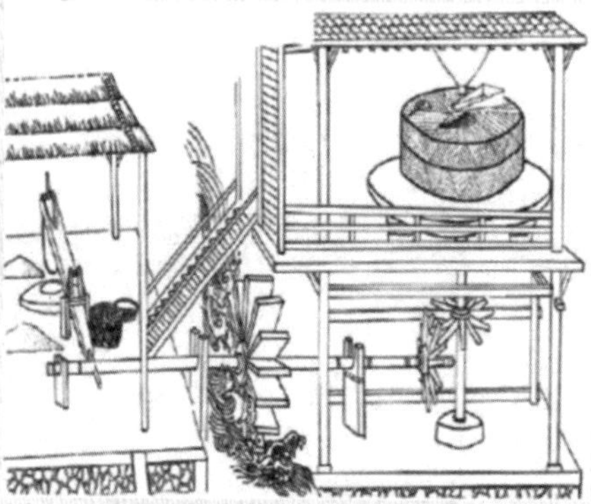

宋金时期壁画《水碓磨坊图》的机械原理示意

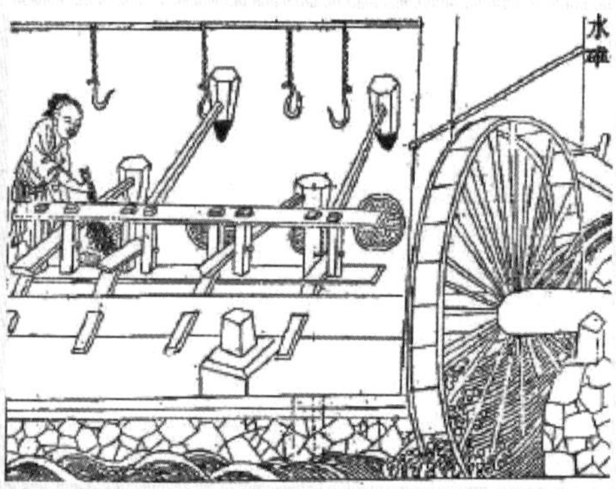

元代《王祯农书》中连机水碓图

随着水碓技术的不断发展，其加工功能及用途更趋于多样化，从单纯的舂米、把米加工成米粉等逐步扩大到生产生活的其他领域。

唐代诗人白居易在《寻郭道士不遇》中有“药炉有火丹应伏，云碓无人水自舂”之句。可见，古人以水碓捣炼云母，这也与当时的医道和炼丹术的繁荣有关。

元代《蜀笺谱》中介绍："薛涛以浣花潭水造纸，故佳。其[锦]江旁凿臼为碓，上下相接，凡造纸之物，必杵之使烂，涤之使洁，然后随其广狭长短之制以造。"这表明，古人发现捶打只是将纤维打松，而舂捣则可以将纤维打散、切断。从捶打到舂捣，是古代造纸技术的一项重大进步，也为现代造纸工艺打下了坚实的基础。

明代宋诩在《竹屿山房杂部》中记载了水碓可用于做米饼："湛洁白粳米五升，白糯米一升，淅肥沥去水，碓细粉……锁碎碾熟。芝麻白砂糖馅，馅中或加松仁油、杏仁油少许，范为饼。"

《天工开物》作者宋应星在400多年前说过，有关粮食作物加工方法的发明创造，是中国先民超凡才智的结晶。当然，也是对世界的伟大贡献。

践

古人之行

水碓是如何完成稻谷去壳工作的呢？让我们来做一个水碓模型，了解它的工作过程和工作原理吧！

1 准备一些材料。

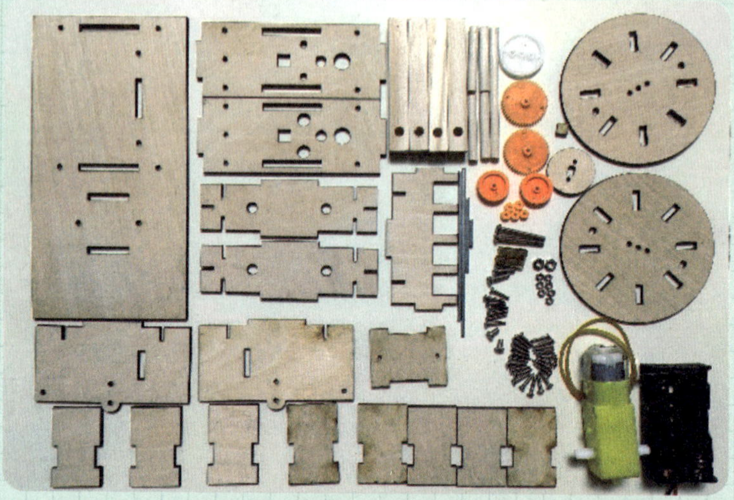

2 将4根碓头粘到4根小方木条对应的孔中。

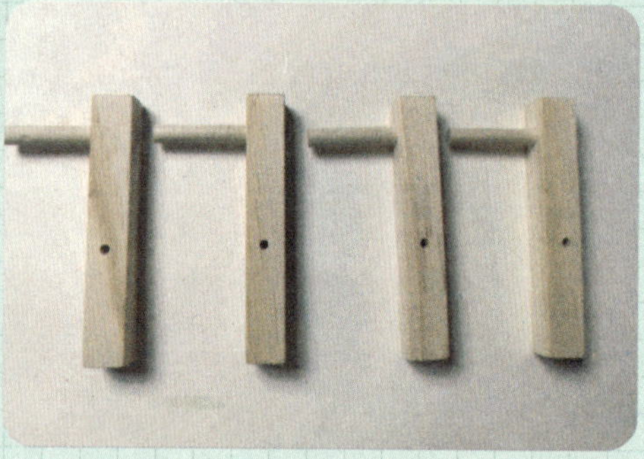

3 用第二长（8厘米）的铁轴，依次穿过4根木条，并在铁轴两端各安装一个小黄圈。

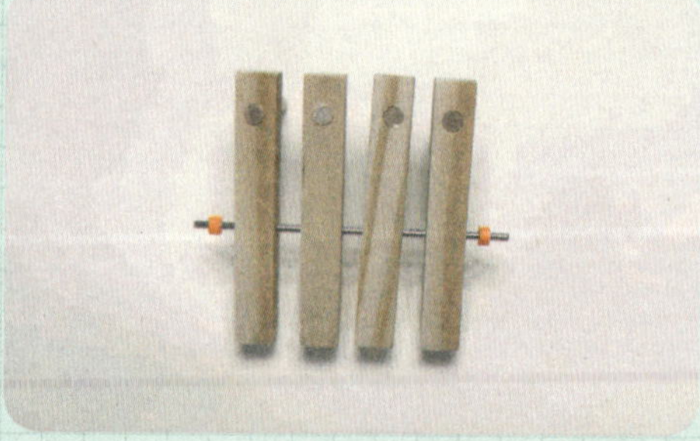

4

将横木条用侧板安装在底板上。

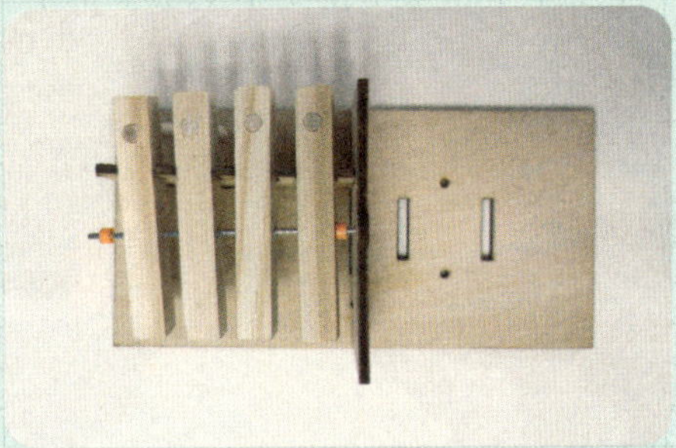

5

将4个小螺丝用小螺母固定到两个齿轮边缘的孔中，注意螺丝方向。用长铁轴穿过两个齿轮，并在铁轴两端各安装一个小卡套，两个齿轮如图所示偏向铁轴一端。这样拨杆就做好了。

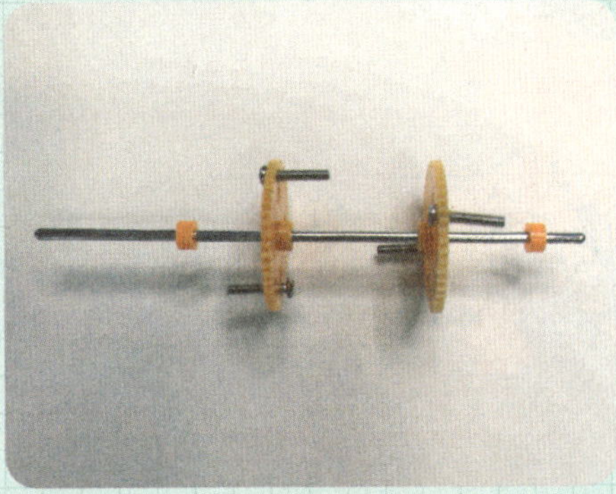

6

找到下面这些零件，将它们组装成水轮架。

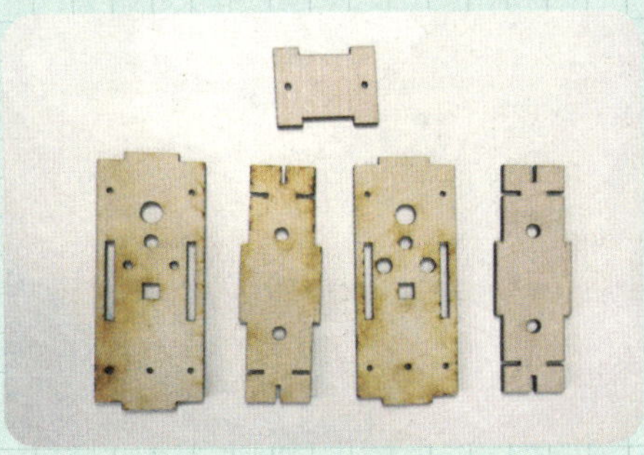

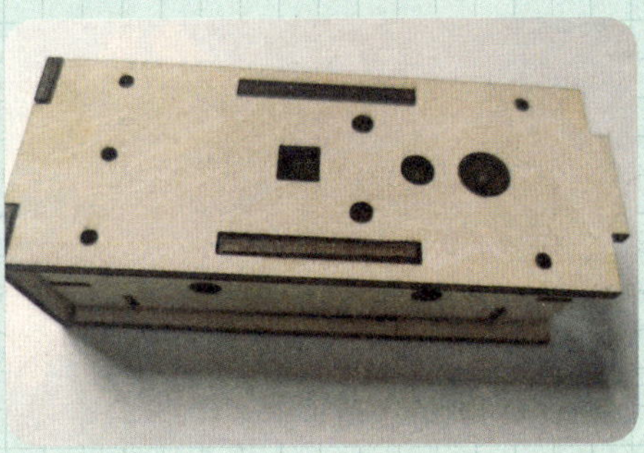

7

将水轮架安装在底板上，装有齿轮的拨杆也插在侧板上，并固定。

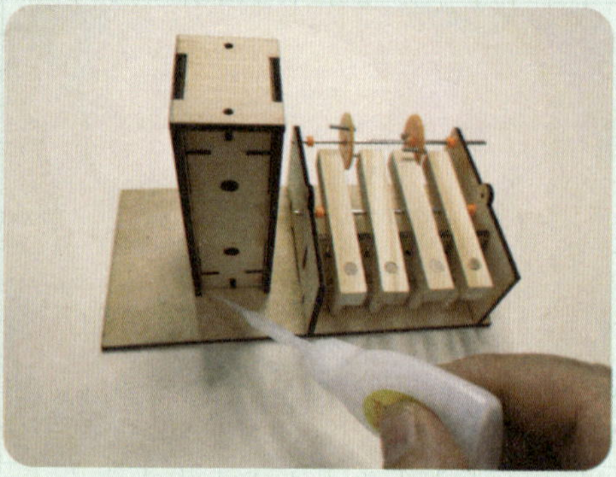

8

将短轴插在水轮架上，在一端套上滑轮。

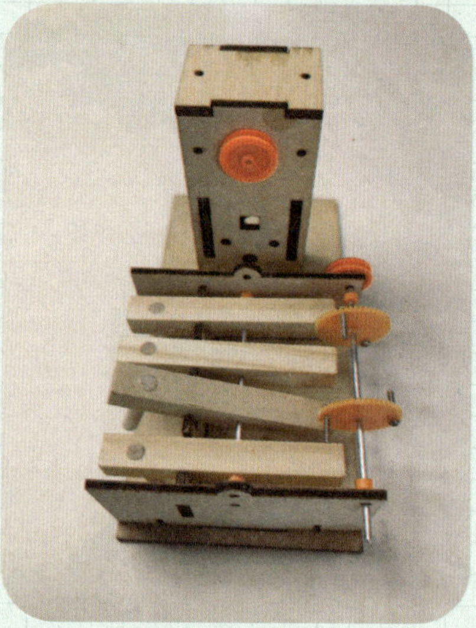

9

用胶水和螺丝将水轮组装起来。

10

将白色滑轮用螺丝固定在水轮上。

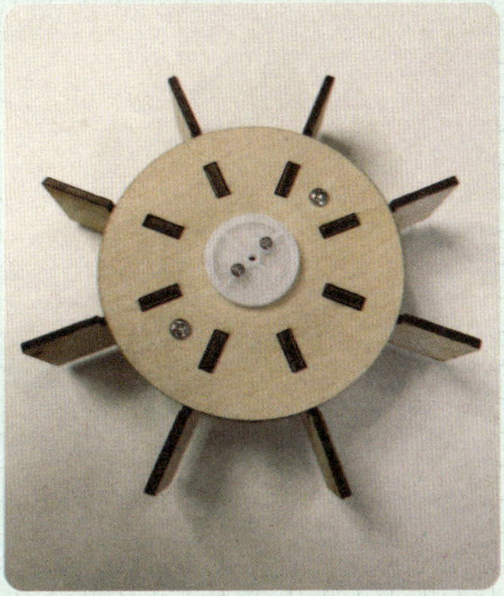

11

将水轮安装在水轮架上。

12

将皮筋套在滑轮上。
用水带动水轮旋转，看一看，碓头能不能自由敲击。

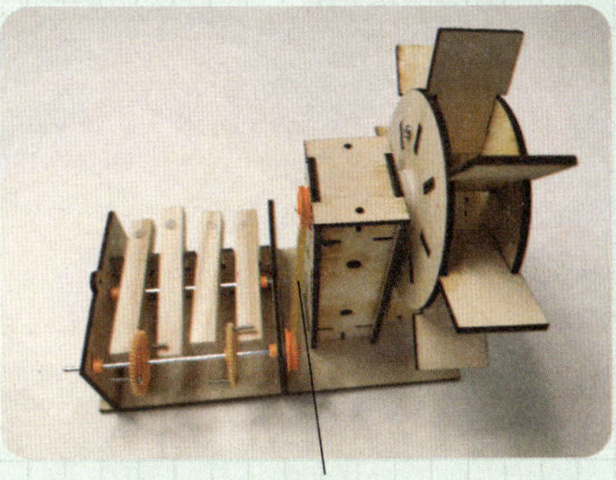

皮筋

析

科技内涵

水碓可以称得上是中国早期的全自动机械。它巧妙利用自然力，并通过将多个部件组合起来协调运作，完成舂米作业。

连续、变化的运动方式使动力传输持续不断

水碓的水轮通常设置在水流较急的地方，源源不断的流水力量驱动水轮上的板叶，从而带动整个水轮转动。水轮转动的力量又借助横轴传给拨板，驱动拨板转动。这些都属于物体的圆周运动。当拨板推动梢时，碓杆以直线方式传力给杵，这样水碓便能够连续不断地工作。

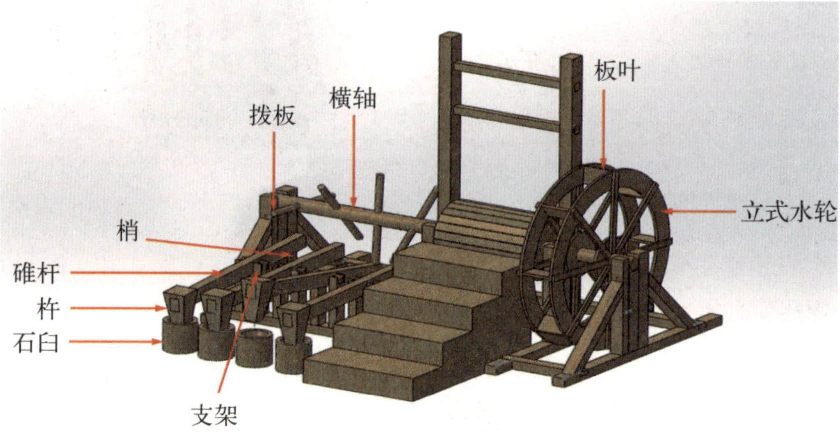

利用杠杆改变用力方向和积蓄能量

水碓上的梢、杵以及连接它们的碓杆、支架，共同构成

了一个改变用力方向的杠杆。其中，梢的位置为动力点；杵的位置为阻力点；支点则为支架与碓杆的连接点，这个连接点由轴和孔洞构成，轴能在孔洞里自由转动，使碓杆能够以此为中心，上下运动。

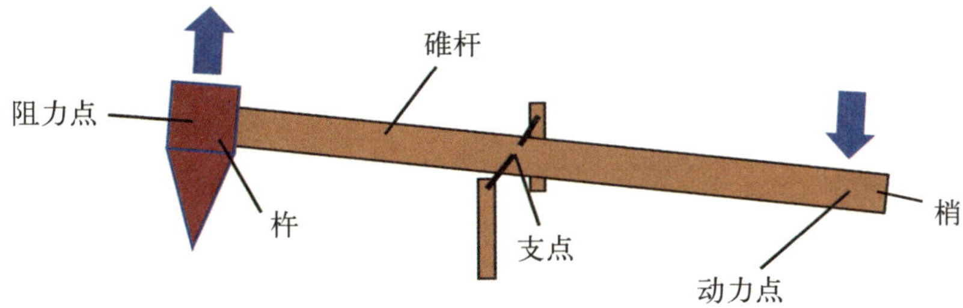

拨板向下压梢的位置实际上就是在压动力点的位置，这是在为杵（阻力点）的上升提供能量。拨板下压梢的时候是通过横轴的转动逐渐施压的，这样慢慢用力，可以较为轻松地把梢压到最低的位置，并举起比较重的杵。

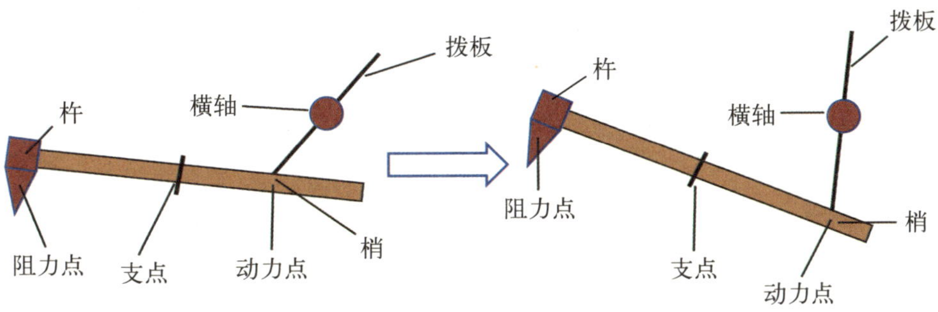

借助重量施力

当拨板划过碓杆时，储存在杵上的势能就会转化为动能，形成向下的冲击力。在相同条件下，物体重量越大，向下冲击的能量也就越大。因此，杵通常比较粗大。此外，古人还常在杵的周围绑上石块增加杵的重量，即加大杵的力量。

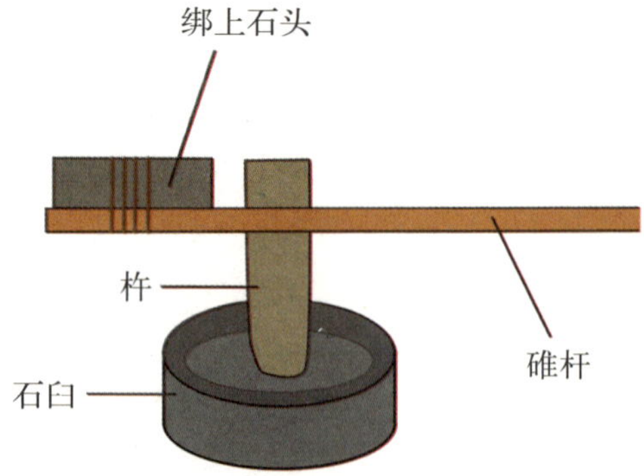

在压力和摩擦力的作用下脱壳

古人常用水碓来剥离谷物的皮壳。在脱壳时，碓杵撞击石臼里堆放的谷物，造成谷物颗粒之间相互挤压和摩擦，在压力和摩擦力的共同作用下，谷物表层比较脆或软的皮壳就被蹭掉了。

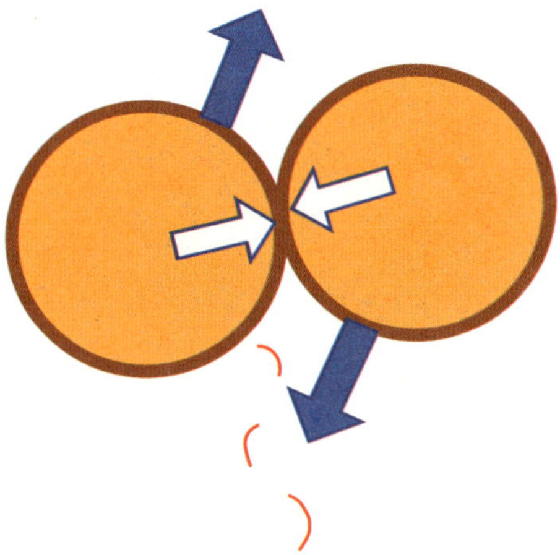

水碓，作为古代重要的舂米工具，直到近代还在被广泛使用。即使在新中国成立以后，在很多水资源丰富的地方，几乎每个村庄都会建造一座水碓。通过引溪水入渠，形成一定的落差来让水碓工作。据当地老人介绍，浙江省余姚市大隐镇在20世纪60年代中期，还有50多个水碓。当地农民除了利用水碓舂米，还用来磨制蚊香、木粉，然后销往上海、宁波等地。

水碓至今仍被沿用

随着现代科技的发展和大规模生产的需要，水碓的功能逐渐被机器所取代。与水碓相比，稻谷剥壳机让生产效率得到了大幅度提高。

与此同时，水碓的一些结构特点和工作原理也启发工程师制造出了新的器件，如与水轮很像的各种水轮机，是发电机发电的主要动力；与横轴、拨板、梢的组合，用于改变运动形式的曲轴，是发动机中最重要的部件，被广泛用于蒸汽机、汽油机、柴油机等各类发动机里。

水轮机

曲轴

发明于两千多年前的水碓，虽然已不再担任自动化机器的主角，但它承载的文化与科技内涵，必然在中国农具发展的历史中产生深远影响。

扇车

农具坊

探 文化之源

如果你发现在米里混杂着一些稻谷壳、糠秕等轻质的杂物，你会怎么把它们清除?

是用筛网筛一筛，用簸箕簸一簸再吹出来，还是直接用手捡出来呢?谷物量少的时候，用这些办法没问题，但量大时，这些办法效率就太低了。

你知道我们聪明的祖先在处理大量谷物时，是如何做的吗?

在公元前1世纪的西汉时期，我国就有了扬去谷物中稻壳、秕糠的扇车，也叫扬谷扇车，它主要由车架、车箱、风扇、喂料斗、出粮口等构成。工作时将粮食放进喂料斗，手摇风扇，谷物在重力的作用下会缓缓落下，谷壳和其他轻质杂物就随风道吹出机外，而饱满的谷物则直接从下方的出粮口流出，这样就把谷类的壳和杂物清除了。

在河南济源泗涧沟汉墓出土的汉代陶风车，就展

济源泗涧沟出土的陶风车和陶米碓模型

扇车的结构

现了农家用扇车分离粮食的场景，这在当时是一种非常高效的清选工具。先通过前面的踏碓脱粒，再利用手摇产生的风，把从扇车顶部中下落的谷壳糠秕吹走，清干净的谷粒便落入下方出口处。后来，元代又发展出了一种效果更好的圆柜形扇车。

在《顾氏画谱》中收录了明代画家杜堇的一幅画，其中不仅清楚地显示了圆筒状鼓风机构，而且有两个簸箩（不包括左边那个）。这两个簸箩一前一后，正好对应风扇车底部前后两个出粮口，从而说明了当时风扇车已经实现了三级清选，即沉实的籽粒、较好的籽粒与糠秕的分离。可以说，带有圆筒状鼓风机构造的风扇车是风扇车技术发展史上的一个突破。

《顾氏画谱》中的扇车图

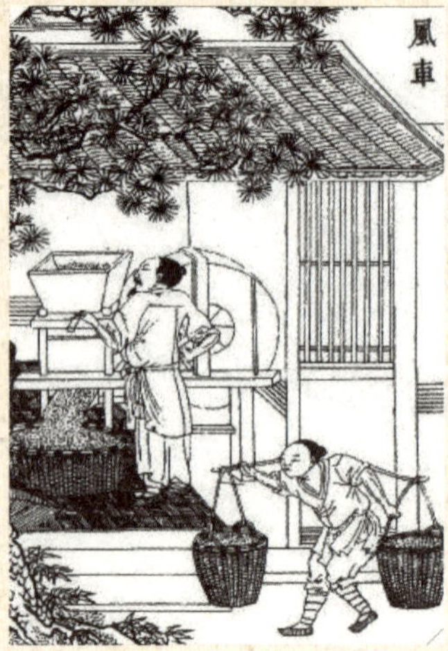

《天工开物》中的扇车图

扇车发明之前，古人用“扬”的方法，即借助自然风将比较轻的谷壳吹走，这种方法会受风力、风向的影响，效率不高。扇车的发明，极大地提高了农产品的加工效率，对于粮食生产和社会发展都作出了很大的贡献。

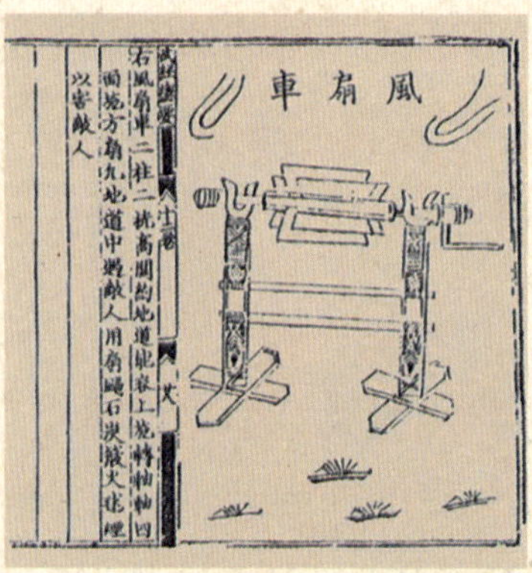

《武经总要》中的风扇车

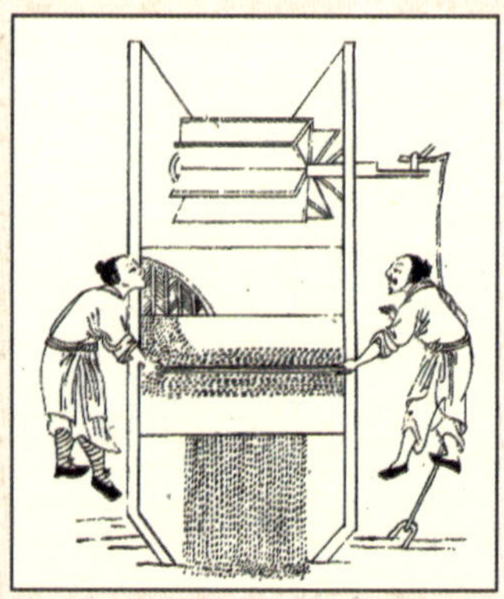

《天工开物》中的扬扇图

18世纪初，我国农用扇车技术传到欧洲，欧洲使用扇车比我们晚了1400年！

扬谷扇车到底是怎么工作的呢？让我们一起来做一个扇车模型，体会一下古代先哲们的智慧吧！

1 准备材料。

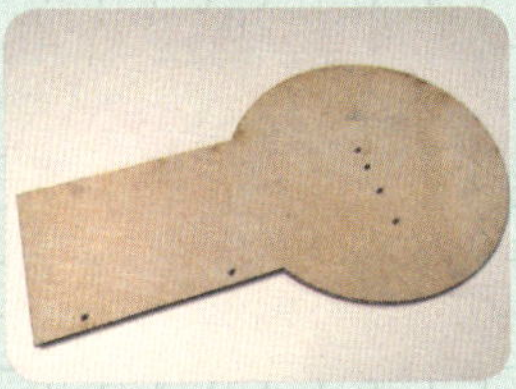

2 将滑轮、圆木片安装在长轴上，用螺丝固定。

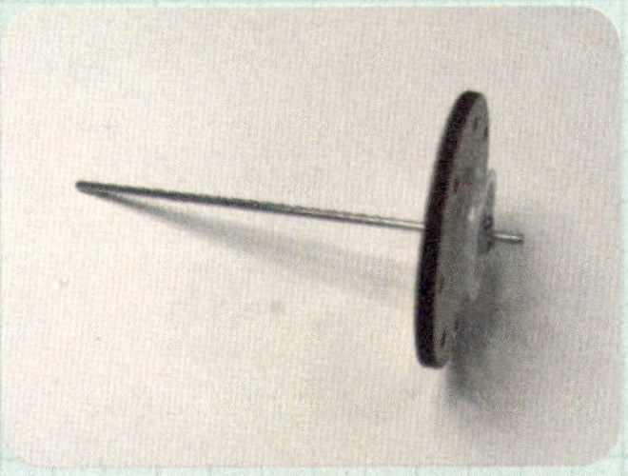

3 将八根短的扁木条，用同样的小螺丝和小螺母固定在两个圆木片上。

4

将两个风扇的框架用宽木条和长轴组装在一起，做成风扇。

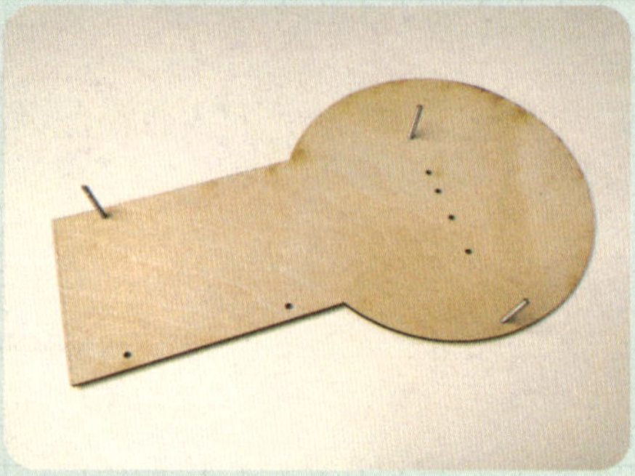

5

找出图中的木板，插入三根最长的螺丝。

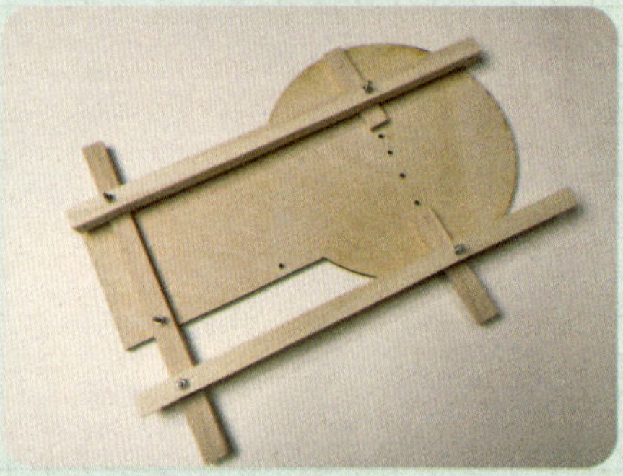

6

按上图安装木条，先安装三根扁木条，然后将两个方木条用螺丝固定在扁木条上。

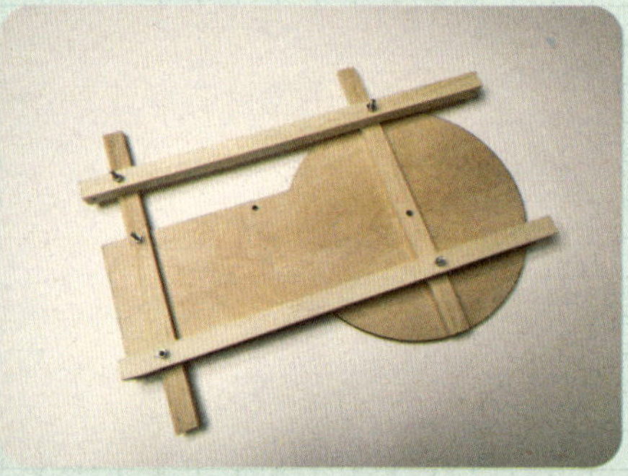

7

找出另一根扁木条，按上图的方法将木条固定在木片上。

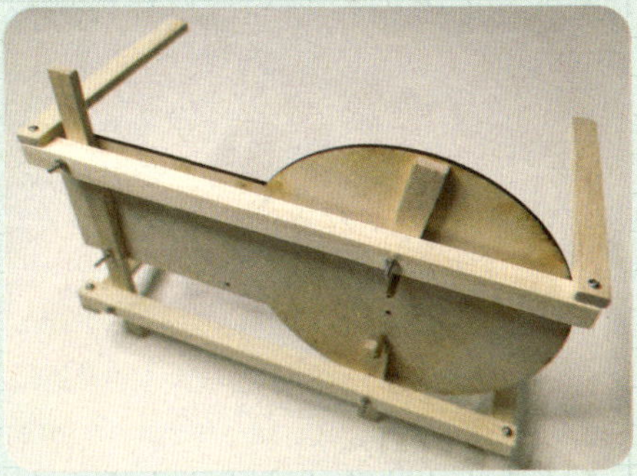

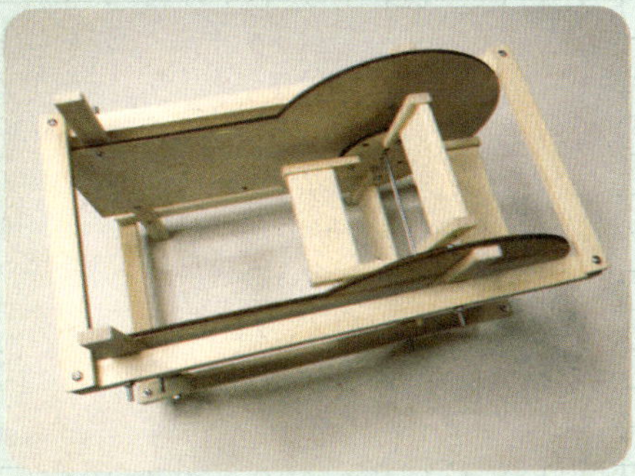

8

将两个空心铜柱用螺丝安装在木片上，在木框的四角用螺丝安装扁木条。

9

将风扇夹在两个木片中，用螺丝固定住。

10

将小齿轮安装在长轴的一端。

11

将大齿轮用卡套固定在短轴上。

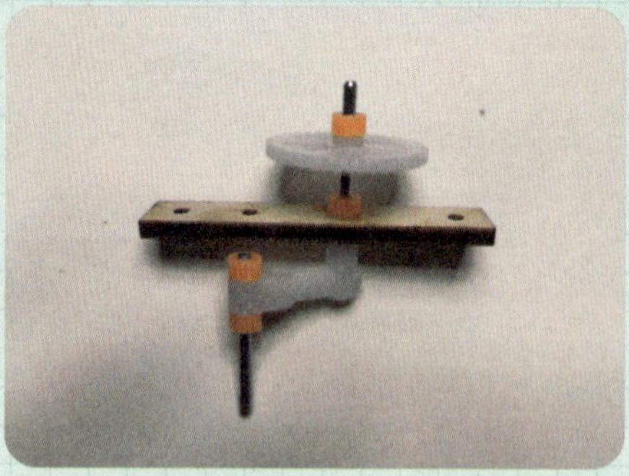

12 将摇把和大齿轮固定在木片上。

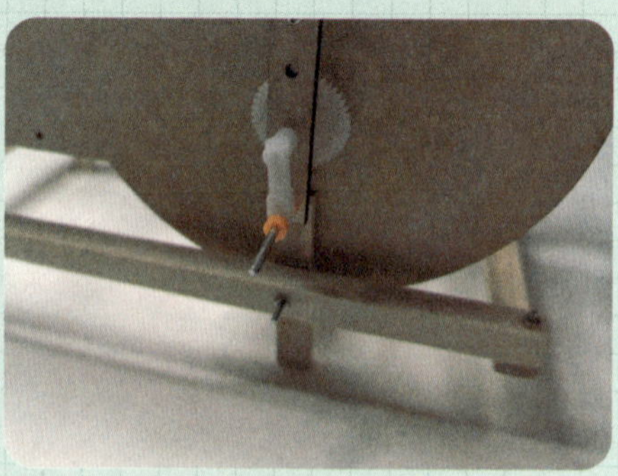

13 将大齿轮与小齿轮咬合，固定在铜管上。

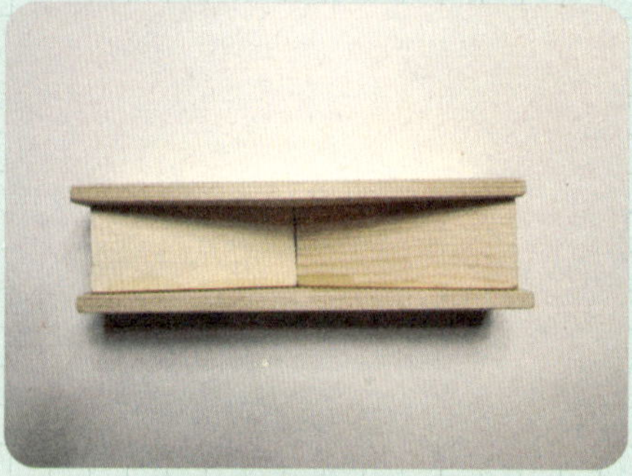

14 制作喂料斗。

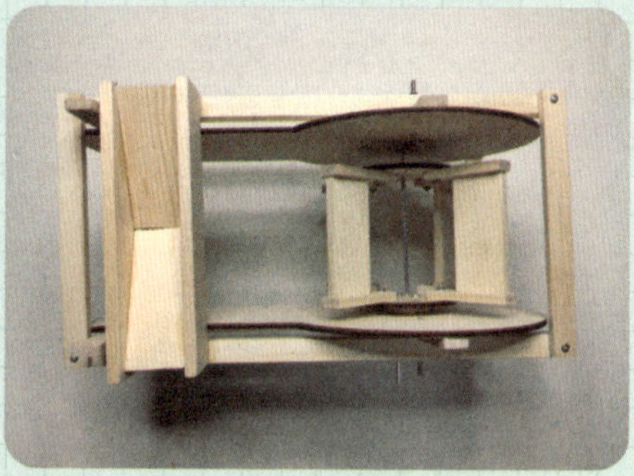

15 将喂料斗粘在扇车上面。

16 将出粮口粘在风扇下面。

17 扬谷扇车就做好了，摇动摇把，风扇就可以旋转起来了。

析 科技内涵

发明于两千多年前的扇车，综合运用了多种力学知识，集科学性、实用性和可行性于一身，是中国古代劳动人民智慧的集中体现。

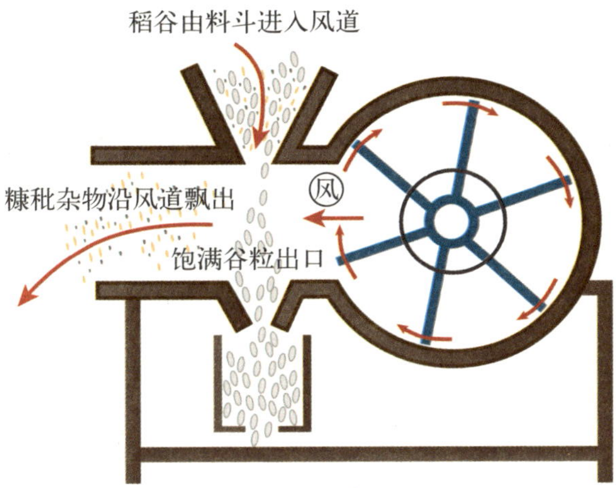

主动制造风

流动的空气——风，具有力量。在物体形状、大小相同的条件下，同样的风能把轻的物体吹得更远，这是风力与物体重力较量的结果。谷物被杵臼或水碓头捶打后，稻壳与米粒分离，但米粒与皮壳、灰糠、瘪粒等还是混杂一起，必须将米粒与这些轻质的杂物分离。扬场是一种方法——自然风把轻质的杂物吹到下风口，较重的米粒则垂直下落。

扇车了不起的地方在于从被动利用风到主动制造风，制造的风摆脱了对天气的依赖，不用再受自然风向、风力的影响，完全实现了人对风的控制。利用扇车筛选谷物时，脱壳谷粒与杂物同时进入风中，受到的风力相同，但可以利用距离差来选取脱壳谷粒。

用流速控制法保障筛选效果

扇车上有两个可以控制流速的地方，一是风扇，操作者可以共同改变用力大小，控制风扇的转速，从而将风速控制在恰当的大小，并通过均匀用力，使风速保持稳定。这样，可以保证脱壳谷物都落在出粮口的上方。二是喂料斗底部的挡板，操作者可以通过调整挡板的位置，控制下方开口的大小，让适量的进料进入风中，使它们都能充分受到风力的作用，获得理想的筛选效果。

翻转式挡板

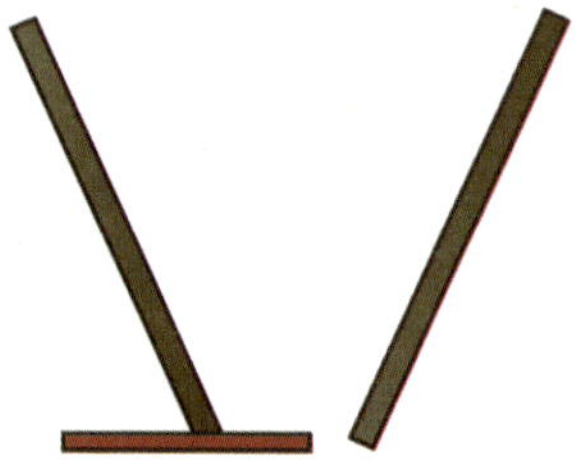

抽拉式挡板

利用轮轴结构节省运动距离

扇车的风扇、摇把与转动轴，共同构成了一组轮轴。对摇把与转动轴而言，摇把为轮，转动轴为轴；对转动轴与扇叶而言，扇叶为轮，转动轴为轴。如果把这两者结合起来，摇把就相当于轴，扇叶就相当于轮，转动摇把时，就可以看作是在轴上用力。由于摇把转动的直径小于风扇扇叶转动的直径。因此，这是一个费力的轮轴，它的好处是让扇叶转动的距离长、速度快，利于鼓风。

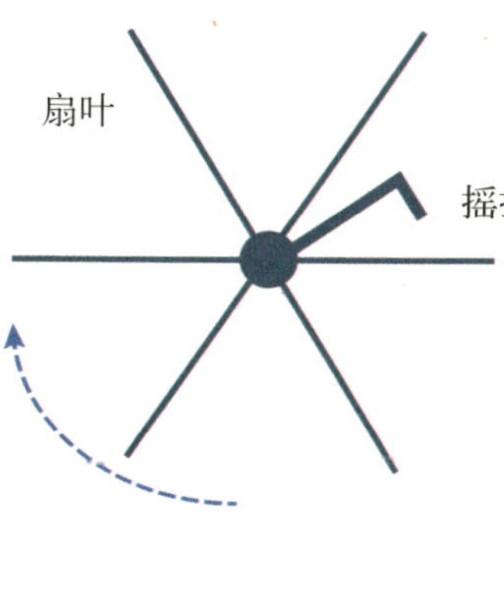

观 后续发展

随着现代农业技术和工具的发展变化，扇车——这种传统农具已淡出人们的视野，只在个别偏远地区还留有它的身影。它基本上已经走进了博物馆，成为保留历史记忆的展品。

博物馆里的扇车

如今，传统扇车正以各种方式改头换面，其功能更为强大，工作效率大幅提升，已成为现代农具家族的重要一员。

随着现代工业的兴起，人们对传统扇车的第一步改进，就是给它装上发动机，用发动机的转动代替人工转动摇把；同时，用金属代替木料来制造扇车，传统扇车变身为坚固耐用的“钢铁侠”。这样，不仅减轻了农民的劳动强度，延长了农具的使用寿命，同时也加快了筛选速度。

已得到广泛使用的复式谷物清选筛分机，不仅可以利用气流筛选谷物和杂物，还运用了筛孔筛选、窝眼筒分选、比重清选、摩擦分离器分选、颜色分选等多种手段。针对谷粒的长、宽、厚等主要特性，以及空气动力学原理，筛选小麦、玉米、高粱、稻谷、豆类等粮食，并能将其中的粉尘、秸秆、破碎玉米芯等轻质杂质分离出来。

世界著名科技史学家、生物化学家、中国科学院首批外籍院士之一的李约瑟博士认为：中国旋转式扇车具有进气口总是位于风腔中央的突出特点，它是所有离心式压缩机的“祖先”。

扇车，这一古老的半自动机械化农具，从古代走到了今天。未来，也许还会走出一条或许多条属于它的新路。